高职高专机电类专业"十三五"规划教材

数控编程与加工训练教程

主　编　陈艳红　林　立

副主编　傅子霞　刘明显　王红锦

主　审　刘德平

西安电子科技大学出版社

内 容 简 介

本书以 FANUC 0i 数控系统为背景，以零件的数控编程与加工为主线，将 19 个训练项目按照基础训练、专项训练、综合训练的顺序排列，由浅入深地介绍了数控车床、数控铣床(加工中心)的编程与加工技术。本书采用理论实训一体化模式编写，大部分项目中包含技能要求、知识学习、工艺分析、程序编制、拓展训练等内容。

本书可作为高职高专数控专业及机电类专业的教材，也可作为中职、技校相关专业的教学用书及从事机械制造的工程技术人员的参考、学习、培训用书。

图书在版编目(CIP)数据

数控编程与加工训练教程 / 陈艳红，林立主编. —西安：西安电子科技大学出版社，2019.7

ISBN 978-7-5606-5352-5

Ⅰ. ① 数… Ⅱ. ① 陈… ② 林… Ⅲ. ① 数控机床—程序设计—教材 ② 数控机床—加工—教材 Ⅳ. ① TG659

中国版本图书馆 CIP 数据核字(2019)第 119517 号

策划编辑 秦志峰
责任编辑 王 瑛
出版发行 西安电子科技大学出版社(西安市太白南路 2 号)
电 话 (029)88242885 88201467 邮 编 710071
网 址 www.xduph.com 电子邮箱 xdupfxb001@163.com
经 销 新华书店
印刷单位 陕西天意印务有限责任公司
版 次 2019 年 7 月第 1 版 2019 年 7 月第 1 次印刷
开 本 787 毫米×1092 毫米 1/16 印 张 16.5
字 数 389 千字
印 数 1～3000 册
定 价 39.00 元

ISBN 978-7-5606-5352-5 / TG

XDUP 5654001-1

如有印装问题可调换

前言

由于制造业中数控设备所占的份额越来越大，因此现代企业对掌握数控编程和加工技术人才的需求量也越来越大，既有较强编程和数控工艺设计能力，又有较高数控操作加工能力的高技能型人才已被各企业竞相引进。本书根据教育部等国家部委组织实施的"职业院校制造业和现代服务业技能型紧缺人才培养培训工程"中有关数控技术应用专业领域技能型紧缺人才培养指导方案的精神，及教育部《关于全面提高高等职业教育教学质量的若干意见》，按照国家职业技能鉴定标准中级工(部分提高到高级工)的要求进行编写，符合当前职业教育发展的需要。

本书以目前企业、高校应用较广的 FANUC 0i 数控系统为背景，结合职业岗位(群)的任职要求，参照相关的国家职业资格标准，以项目教学为主线构建教学内容。我们聘请了企业中经验丰富的工程技术人员参与本书的编写工作，充分体现了"引企入校、校企合作共同开发专业课程和教学资源"的原则，以实施"双证融合、产学合作"的人才培养模式。

为适应近几年高等职业教育生源的变化，充分调动学生的主观能动性，使"教、学、做"融为一体，本书通过典型案例、知识学习，使学生掌握数控编程与加工技术中必备的基本技能，对学有余力的学生，通过拓展训练提高自身的专业能力。

本书由陈艳红、林立任主编，傅子霞、刘明显、王红锦任副主编。编写分工如下：陈艳红(开封大学)编写项目6、项目7、项目8、项目9、项目10，林立(开封大学)编写项目1、项目2、项目3、项目4、项目5，傅子霞(长沙职业技术学院)编写项目14、项目15、项目16，刘明显(开封大学)编写项目11、项目12、项目13、附录，王红锦(焦作工贸职业学院)编写项目17、项目18、项目19。河南中机华远机械工程有限公司王阳光协助完成典型案例的数控加工程序的校验、仿真运行工作。全书由陈艳红统稿。郑州大学刘德平教授主审了本书并提出了宝贵意见，在此深表谢意。

本书在编写过程中参考了部分文献，对这些文献的作者表示由衷的感谢。由于编者水平有限，书中难免存在一些不足之处，敬请读者批评指正。

编 者
2019 年 2 月

目　　录

基　础　篇

数控车床编程篇

数控铣床(加工中心)编程篇

基 础 篇

项目 1　数控机床坐标系与编程规则

(1) 掌握数控机床坐标系的建立方法。

(2) 了解数控编程的一般步骤及数控加工程序的结构。

(3) 熟悉常用 G、M、F、S、T 指令的应用及模态与非模态指令的区别。

1.2　知识学习

1.2.1　数控编程概述

用数控机床对零件进行加工时，首先要对零件进行图样分析和加工工艺分析，以确定加工方法、加工工艺路线；然后，正确地选择数控机床所使用的刀具和装夹方法；最后，按照加工工艺要求，根据数控机床规定的指令代码及程序格式，将刀具的运动轨迹、位移量、切削参数(主轴转速、进给量、背吃刀量)以及辅助功能(换刀、主轴正转或反转、切削液开或关)编写成加工程序单，输入或传入数控装置中，从而指挥机床加工零件。

1. 数控编程的内容及步骤

数控编程的内容及步骤如下：

(1) 分析零件图样，制订加工工艺方案。根据零件图样，明确加工内容和要求；确定加工方案；选择适合的数控机床；选择刀具和夹具；确定合理的走刀路线及合理的切削用量。

(2) 数据计算。根据零件的几何尺寸、加工路线计算零件加工运动的轨迹，以获得刀位数据。

(3) 程序编写。加工路线、工艺参数及刀位数据确定以后，编程人员根据数控系统规定的功能指令代码及程序段格式，编写加工程序单。此外，还应附上必要的加工示意图、刀具布置图、机床调整卡、工序卡及必要的说明。

(4) 制备控制介质。将编写好的加工程序单的内容记录在控制介质上，作为数控装置的输入信号；通过手工输入或通信传输送入数控系统。

(5) 程序校验与首件试切。编写好的加工程序单和制备好的控制介质必须经过校验和试切才能正式使用。

整个数控编程的内容及步骤可用图 1-1 表示。

图 1-1　数控编程的内容及步骤

2. 数控编程的种类

数控编程一般分为手工编程和自动编程两种。

(1) 手工编程：由人工来完成数控程序编制各个阶段的工作。对于加工形状简单、计算量小、程序较短的零件，采用手工编程，既经济又及时。因此，手工编程被广泛运用于形状简单的点位加工及平面轮廓加工中。但对于一些复杂的零件，特别是由非圆曲线、曲面组成的表面，用手工编程有一定的困难，出错的概率较大，应采用"自动编程"的方法。

(2) 自动编程：利用计算机专用软件编制数控加工程序。编程人员只需要根据零件图样的要求，使用数控语言，计算机便会自动地进行数据计算及后置处理，编写出零件加工程序单，加工程序再通过直接通信的方式送入数控机床，指挥机床加工。

1.2.2　数控机床的坐标系

1. 数控机床坐标系与运动方向

规定数控机床坐标轴及运动方向，是为了准确地描述机床的运动情况，简化程序的编制过程，并使所编程序具有互换性。目前国际标准化组织已经统一了标准坐标系，我国国家标准 GB/T 19660—2005《工业自动化系统与集成机床数值控制 坐标系和运动命名》与ISO 等效。该标准对数控机床的坐标系和运动方向作出了规定。

(1) 刀具相对于静止的工件而运动的原则。这一原则使编程人员在不知道机床是刀具运动还是工件运动的情况下，就可依据零件图样确定机床的加工过程。

(2) 坐标系的规定。为了确定机床的运动方向、移动的距离，要在机床上建立一个坐标系，这个坐标系就是标准坐标系，也称机床坐标系。在编制程序时，以该坐标系来规定运动的方向和距离。

数控机床上的坐标系采用的是右手笛卡尔直角坐标系。如图 1-2 所示，大拇指的方向为 X 轴的正方向，食指的方向为 Y 轴的正方向，中指的方向为 Z 轴的正方向。常见数控机床坐标系如图 1-3 所示。

(3) 运动方向的确定。GB/T 19660—2005 中规定：机床某一部件运动的正方向是增大工件和刀具之间距离的方向。

① Z 坐标的运动。Z 坐标的运动是由传递动力的主轴所决定的。平行于机床主轴的坐标即为 Z 坐标，如图 1-3 所示。Z 坐标的正方向为刀具远离工件的方向。

② X 坐标的运动。X 坐标是水平的，它平行于工件的装夹面，这是在刀具或工件定位平面内运动的主要坐标。对于工件旋转的机床(如车床、磨床等)，X 坐标的方向在工件的径向上且平行于横滑座，X 坐标的正方向为刀具离开工件旋转中心的方向。对于刀具旋转的

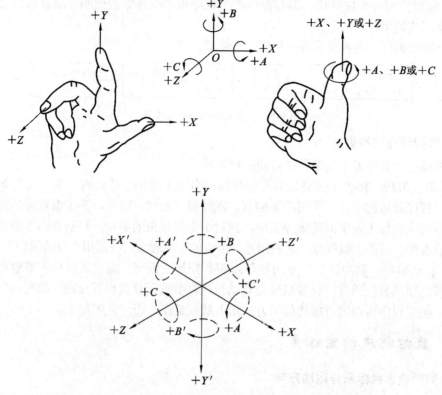

图 1-2　右手笛卡尔直角坐标系

机床(如铣床、镗床、钻床等)，如 Z 轴是垂直的，当从刀具主轴向立柱看时，X 坐标的正方向指向右；如 Z 轴(主轴)是水平的，当从主轴向工件方向看时，X 坐标的正方向指向右，如图 1-3 所示。

③ Y 坐标的运动。Y 坐标轴垂直于 X、Z 坐标轴，Y 坐标的正方向根据 X 和 Z 坐标的正方向，按右手直角坐标系来判断。

④ 旋转运动 A、B 和 C。A、B 和 C 分别表示沿平行于 X、Y 和 Z 轴的旋转运动。A、B 和 C 运动的正方向分别为在 X、Y 和 Z 坐标正方向上按右旋螺纹前进的方向，如图 1-3 所示。

⑤ 附加的坐标。如在 X、Y 和 Z 主要直线运动之外，另有第二组平行于它们的坐标，可分别指定为 U、V 和 W。如还有第三组运动，则分别指定为 P、Q 和 R。如果在 X、Y 和 Z 主要直线运动之外，存在不平行或可以不平行于 X、Y 或 Z 的直线运动，亦可相应地指定为 U、V、W、P、Q 或 R。对于镗铣床，径向刀架滑板的运动，可指定为 U 或 P，滑板离开主轴中心的方向为正方向。

⑥ 工件运动时的相反方向。对于工件运动而不是刀具运动的机床，必须将前述为刀具运动所作的规定作相反的安排。用带 " ′ " 的字母(如 $+X'$)表示工件相对于刀具正向运动；而用不带 " ′ " 的字母(如 $+X$)表示刀具相对于工件正向运动。二者表示的运动方向正好相反。

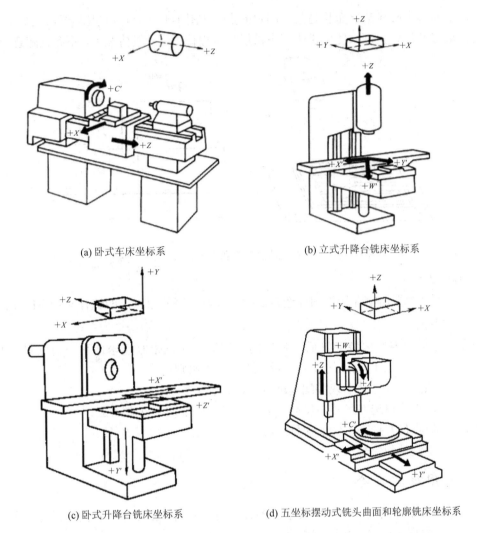

(a) 卧式车床坐标系

(b) 立式升降台铣床坐标系

(c) 卧式升降台铣床坐标系

(d) 五坐标摆动式铣头曲面和轮廓铣床坐标系

图 1-3　常见数控机床坐标系

2．坐标系的原点

在确定了机床各坐标轴及方向后，应进一步确定坐标系原点的位置。

1) 机床原点

机床原点是指在机床上设置的一个固定点，即机床坐标原点，如图 1-4、图 1-5(a) 所示的 O 点。它在机床装配、调试时就已确定下来了，该点是编程的绝对零点，是数控机床进行加工运动的基准参考点。

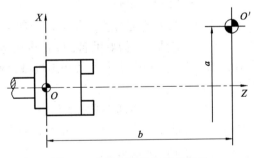

图 1-4　数控车床的机床坐标系

与机床原点不同但又很容易混淆的一个概念是机床零点，它是机床坐标系中一个固定不变的极限点，即运动部件回到正向极限的位置。在加工前及加工结束后，可用控制面板上的"回零"按钮使部件(如刀架)退到该点。例如：对数控车床而言，机床零点是指车刀退离主轴端面和中心线最远而且是某一固定的点，如图 1-4 所示的 O' 点。O' 点在机床出厂时就已经调好并记录在机床使用说明书中供用户编程使用，一般情况下，不允许随意变动。

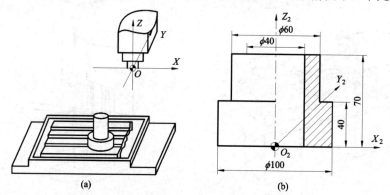

图 1-5　立式数控铣床坐标系和机床原点、工件原点

2) 编程原点

编程原点是指根据零件加工图样选定的编制零件程序的原点，即编程坐标系的原点。

3) 工件原点

工件原点是指零件被装夹好后，相应的编程原点在机床原点坐标系中的位置，如图 1-5(b) 所示的 O_2 点。工件原点的设置一般应遵循以下原则：

(1) 工件原点与设计基准或装配基准重合，以利于编程。

(2) 工件原点尽量选在尺寸精度高、表面粗糙度值小的工件表面上。

(3) 工件原点最好选在工件的对称中心上。

(4) 要便于测量和检验。

1.2.3　常用编程指令

目前数控机床种类较多，系统类型也各有不同，但编程指令基本相同，只是在个别指令上有差异，编程时可参考机床编程手册。

1. 准备功能 G 指令

准备功能 G 指令是使数控机床建立起某种加工方式的指令，该指令用于为插补运算、刀具补偿、固定循环等做好准备。G 指令由地址符 G 和其后的两位数字组成，从 G00～G99 共 100 种。表 1-1 是中华人民共和国机械行业标准 JB/T 3208—1999 规定的准备功能 G 指令的定义表。

对于同一台数控机床的数控装置来说，它所具有的 G 指令只是标准中的一部分，而且各机床由于性能要求不同，其 G 指令也各不一样。

2. 辅助功能 M 指令

辅助功能 M 指令用于指定主轴的旋转方向、启动、停止、冷却液的开关、工件或刀具的夹紧或松开等功能。M 指令由地址符 M 和其后的两位数字组成。M 指令常因生产厂家及机床的结构和规格不同而各异。表 1-2 是中华人民共和国机械行业标准 JB/T 3208—1999 规定的辅助功能 M 指令的定义表。

表 1-1　准备功能 G 指令

指 令	功能保持到被注销或被同样字母表示的程序指令所代替	功能仅在所出现的程序段内有作用	功 能	指 令	功能保持到被注销或被同样字母表示的程序指令所代替	功能仅在所出现的程序段内有作用	功 能
G00	a		点定位	G50	#(d)	#	刀具偏置 0/−
G01	a		直线插补	G51	#(d)	#	刀具偏置+/0
G02	a		顺时针方向圆弧插补	G52	#(d)	#	刀具偏置−/0
G03	a		逆时针方向圆弧插补	G53	f		直线偏移，注销
G04		*	暂停	G54	f		直线偏移 X
G05	#	#	不指定	G55	f		直线偏移 Y
G06	a		抛物线插补	G56	f		直线偏移 Z
G07	#	#	不指定	G57	f		直线偏移 XY
G08		*	加速	G58	f		直线偏移 XZ
G09		*	减速	G59	f		直线偏移 YZ
G10～G16	#	#	不指定	G60	h		准确定位 1(精)
G17	c		XY 平面选择	G61	h		准确定位 2(中)
G18	c		ZX 平面选择	G62	h		准确定位 3(粗)
G19	c		YZ 平面选择	G63		*	攻丝
G20～G32	#	#	不指定	G64～G67	#	#	不指定
G33	a		螺纹切削，等螺距	G68	#(d)	#	刀具偏置，内角
G34	a		螺纹切削，增螺距	G69	#(d)	#	刀具偏置，外角
G35	a		螺纹切削，减螺距	G70～G79	#	#	不指定
G36～G39	#	#	永不指定	G80	e		固定循环注销
G40	d		刀具补偿/刀具偏置注销	G81～G89	e		固定循环
G41	d		刀具补偿(左)	G90	j		绝对尺寸
G42	d		刀具补偿(右)	G91	j		增量尺寸
G43	#(d)	#	刀具偏置(正)	G92		*	预置寄存
G44	#(d)	#	刀具偏置(负)	G93	k		时间倒数，进给率
G45	#(d)	#	刀具偏置+/+	G94	k		每分钟进给
G46	#(d)	#	刀具偏置+/−	G95	k		主轴每转进给
G47	#(d)	#	刀具偏置−/−	G96	i		恒线速度
G48	#(d)	#	刀具偏置−/+	G97	i		主轴每分钟转数
G49	#(d)	#	刀具偏置 0/+	G98～G99	#	#	不指定

注：① "#"号表示如选作特殊用途，必须在程序格式说明中说明。

② "*"号表示对应的 G 指令为非模态指令。

③ 标有 a，c，d，…字母的表示所对应的 G 指令为模态指令，字母相同的为一组，同组的任意两个 G 指令不能同时出现在一个程序段中。

④ 如在直线切削控制中没有刀具补偿，则 G43～G52 可指定作其他用途。

⑤ "(d)"表示可以被同列中没有括号的字母 d 所注销或替代，也可被有括号的字母(d)所注销或替代。

⑥ G45～G52 的功能可用于机床上任意两个预定的坐标。

⑦ 控制机上没有 G53～G59、G63 的功能时，可以指定作其他用途。

表 1-2 辅助功能 M 指令

指令	功能开始时间 与程序段指令运动同时开始	功能开始时间 在程序段指令运动完成后开始	功能保持到被注销或被适当程序指令代替	功能仅在所出现的程序段内有作用	功 能	指令	功能开始时间 与程序段指令运动同时开始	功能开始时间 在程序段指令运动完成后开始	功能保持到被注销或被适当程序指令代替	功能仅在所出现的程序段内有作用	功 能
M00		*		*	程序停止	M36	*		*		进给范围 1
M01		*		*	计划停止	M37	*		*		进给范围 2
M02		*		*	程序结束	M38	*		*		主轴速度范围 1
M03	*		*		主轴顺时针方向转动	M39	*		*		主轴速度范围 2
M04	*		*		主轴逆时针方向转动	M40~M45	#	#	#	#	如有需要,作为齿轮换挡,此外不指定
M05		*	*		主轴停止	M46~M47	#	#	#	#	不指定
M06	#	#		*	换刀	M48		*	*		注销 M49
M07	*		*		2 号冷却液开	M49	*		*		进给率修正旁路
M08	*		*		1 号冷却液开	M50	*		*		3 号冷却液开
M09		*	*		冷却液关	M51	*		*		4 号冷却液开
M10	#	#	*		夹紧	M52~M54	#	#	#	#	不指定
M11	#	#	*		松开	M55	*		*		刀具直线位移,位置 1
M12	#	#	#	#	不指定	M56	*		*		刀具直线位移,位置 2
M13	*		*		主轴顺时针方向转动,冷却液开	M57~M59	#	#	#	#	不指定
M14	*		*		主轴逆时针方向转动,冷却液开	M60		*		*	更换工件
M15	*			*	正运动	M61	*		*		工件直线位移,位置 1
M16	*			*	负运动	M62	*		*		工件直线位移,位置 2
M17~M18	#	#	#	#	不指定	M63~M70	#	#	#	#	不指定
M19		*	*		主轴定向停止	M71	*		*		工件角度位移,位置 1
M20~M29	#	#	#	#	永不指定	M72	*		*		工件角度位移,位置 2
M30		*		*	纸带结束	M73~M89	#	#	#	#	不指定
M31	#	#		*	互锁旁路	M90~M99	#	#	#	#	永不指定
M32~M35	#	#	#	#	不指定						

注: ① "#"号表示如选作特殊用途,必须在程序说明中说明。

② "*"号表示对应的 M 指令为非模态指令。

③ M90~M99 可指定为特殊用途。

常用的 M 指令有 M00(程序停止)、M01(计划停止)、M02(程序结束)、M03(主轴顺时针方向转动)、M04(主轴逆时针方向转动)、M05(主轴停止)、M06(换刀)、M07(2 号冷却液开)、M08(1 号冷却液开)、M09(冷却液关)、M30(纸带结束，使用 M30 时，除表示执行 M02 指令的内容外，程序光标还返回到程序的第一语句，准备下一个工件的加工)、M98(调用子程序)和 M99(子程序结束并返回到主程序)。

3．G、M 指令说明

1) 模态与非模态指令

G 指令有两种：模态指令和非模态指令。模态指令又称续效指令。表 1-1 内标有 a，c，d，…字母的表示所对应的 G 指令为模态指令，字母相同的为一组，同组的任意两个 G 指令不能同时出现在一个程序段中。模态指令一经在一个程序段中指定，便保持到以后程序段中出现同组的另一指令时才失效。表 1-1 内标有 "*" 号的表示对应的 G 指令为非模态指令，非模态指令只有在所出现的程序段中有效。例如：

    N0010 G91 G01 X20 Y20 Z−5 F150 M03 S1000；
    N0020 X35；
    N0030 G90 G00 X0 Y0 Z100 M02；

该例中，第一段出现三个模态指令，即 G91、G01、M03，因它们不同组而均续效，其中 G91 的功能延续到第三段出现 G90 时失效，G01 的功能延续到第三段出现 G00 时失效，M03 的功能延续到第三段出现 M02 时失效。

2) M 功能开始时间

表 1-2 第二列标有 "*" 号的 M 指令，其功能与同段其他指令的动作同时开始。如上例第一段中，M03 的功能与 G01 的功能同时开始，即在直线插补运动开始的同时，主轴开始顺时针方向转动，转速为 1000 r/min。

表 1-2 第三列标有 "*" 号的 M 指令，其功能在同段其他指令动作完成后才开始。如上例第三段中，M02 的功能在 G00 的功能完成后才开始，即在移动部件完成 G00 快速点位动作后，程序才结束。

4．刀具功能、进给功能与主轴转速功能

1) 刀具功能——T 指令

T 之后的数字分 2、4、6 位三种。对于 4 位数字的来说，一般前两位数字代表刀具(位)号，后两位数字代表刀具补偿号。其他的两种以后结合不同的机床再作介绍。

2) 进给功能——F 指令

进给功能用于指定进给速度，F 后的数字代表进给速度值。对于车床的控制，进给速度分为每分钟进给(mm/min)和主轴每转进给(mm/r)两种，一般用 G94、G95 规定；对于车床以外的控制，一般只采用每分钟进给。

3) 主轴转速功能——S 指令

主轴转速功能主要用来指定主轴的转速，单位为 r/min。

1.2.4 数控程序的结构

1．数控加工程序的构成

一个完整的数控加工程序由程序开始部分、若干个程序段、程序结束部分组成。一个

程序段由程序段号和若干个"字"组成，一个"字"由地址符和数字组成。

下面是一个完整的数控加工程序，该程序由程序号开始，以 M02 结束。

程序	说明
O1122;	程序开始
N5　G90　G92　X0　Y0　Z0;	程序段 1
N10　G42　G01　X−60.0　Y10.0　D01　F200;	程序段 2
N15　G02　X40.0　R50.0;	程序段 3
N20　G00　G40　X0　Y0;	程序段 4
N25　M02;	程序结束

1) 程序号

为了区分每个程序，对程序要进行编号。程序号由程序号的地址码和程序的编号组成。程序号必须放在程序的开头。如：

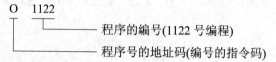

程序号以地址码 O、P、%以及 1～9999 范围内的任意数字组成。通常 FANUC 系统用"O"，SINUMERIC 系统用"%"作为程序号的地址码。编程时要按说明书所规定的符号去编写指令，否则系统不会执行。

2) 程序段的格式和组成

程序段的格式可分为地址格式、分隔地址格式、固定程序段格式和可变程序段格式等，其中可变程序段格式应用最为广泛。所谓可变程序段格式，就是程序段的长短是可变的。

例如：

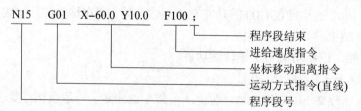

其中：N 是程序段地址符，用于指定程序段号；G 是指令动作方式的准备功能地址，G01为直线插补；X、Y 是坐标轴地址；F 是进给速度指令地址，其后的数字表示进给速度的大小，例如 F100 表示进给速度为 100 mm/min。

3) "字"

一个"字"由地址符、符号及数据字组成。例如：

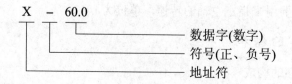

程序段号加上若干个程序字就可组成一个程序段。在程序段中表示地址的英文字母可分为尺寸地址和非尺寸地址两种。表示尺寸地址的英文字母有 X、Y、Z、U、V、W、P、Q、I、J、K、A、B、C、D、E、R、H，共 18 个。表示非尺寸地址的英文字母有 N、G、F、S、T、M、L、O，共 8 个。

2. 主程序和子程序

数控加工程序可分为主程序和子程序，子程序的结构与主程序的结构一样。在通常情况下，数控机床是按主程序的指令进行工作的，但是，当主程序中遇到调用子程序的指令时，控制转到子程序执行。当子程序遇到返回主程序的指令时，控制返回到主程序继续执行。图 1-6 是主程序与子程序的关系图。一般情况下，FANUC 系统最多能存储 200 个主程序和子程序。在编制程序时，若相同模式的加工在程序中多次出现，可将这个模式编成一个子程序，使用时只需通过调用子程序命令进行调用即可，大大简化了程序的设计步骤。

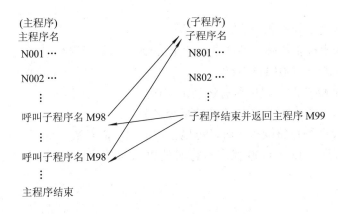

图 1-6　主程序与子程序的关系图

1.3　拓　展　训　练

观察数控加工实训室的数控机床，判断每种数控机床的坐标系。根据数控机床中存储的程序，进一步了解数控加工程序的构成。

✦✦✦　自　测　题　✦✦✦

1. 选择题

(1) 确定机床 X、Y、Z 坐标时，规定平行于机床主轴的刀具运动坐标为(　　)，取刀具远离工件的方向为(　　)方向。

A. X 轴　正　　　　B. Y 轴　正　　　　C. Z 轴　正　　　　D. Z 轴　负

(2) 程序段"G90　G03　X30　Y20　R−10.0;"中的"X30　Y20　R−10.0"表示(　　)。

A. 终点的绝对坐标，圆心角小于 180° 并且半径是 10 mm 的圆弧

B. 终点的绝对坐标，圆心角大于 180° 并且半径是 10 mm 的圆弧

C. 刀具在 X 和 Y 方向上移动的距离，圆心角大于 180° 并且半径是 10 mm 的圆弧

D. 终点相对机床坐标系的位置，圆心角大于 180° 并且半径是 10 mm 的圆弧

(3) 在数控铣床上铣一个正方形零件(外轮廓)，如果使用的铣刀直径比原来的小 1 mm，则计算加工后的正方形尺寸差( )。

A. 小 1 mm　　　B. 小 0.5 mm　　　C. 大 1 mm　　　D. 大 0.5 mm

(4) 下列选项中，程序段号的表达方式正确的是( )。

A. N0001　　　B. O0001　　　C. P0001　　　D. X0001

(5) 数控车床在开机后，须进行回零操作，使 X、Z 各坐标轴运动回到( )。

A. 机床参考点　　B. 编程原点　　C. 工件零点　　　D. 坐标原点

(6) 根据 ISO 标准，数控机床在编程时采用( )规则。

A. 刀具相对静止，工件运动　　　　B. 工件相对静止，刀具运动

C. 按实际运动情况确定　　　　　　D. 按坐标系确定

2. 判断题

(　) (1) G04 是非模态指令。

(　) (2) 机床坐标轴的确定顺序是先确定 X 轴、Y 轴，再确定 Z 轴。

(　) (3) G01 X5 与 G01 U5 等效。

(　) (4) 执行 M03 时，机床所有运动都将停止。

(　) (5) M 指令有续效指令和非续效指令之分。

(　) (6) 用 G02 编写整圆程序时，可以使用 I、J、K 参数，也可以使用 R 参数。

(　) (7) 在程序中设定 G00 代码执行时的机床移动速度，可以缩短加工所需的辅助时间。

3. 简答题

(1) 简述数控编程的一般步骤。

(2) 什么是机床坐标系？什么是机床原点、机床零点、工件原点？

(3) 什么是模态指令？什么是非模态指令？举例说明。

(4) 何谓 F 指令？何谓 T 指令？

自测题答案

数控车床编程篇

项目 2　数控车床编程与加工入门

2.1　技 能 要 求

(1) 熟悉数控车床的功能及分类，掌握数控车床面板操作方法，了解数控车床的日常维护及管理。

(2) 通过一个零件仿真加工实例，掌握数控车床加工仿真系统(FANUC 0i)的基本操作方法及仿真加工的基本步骤。

2.2　知 识 学 习

2.2.1　数控车床的功能、分类与安全操作

1. 数控车床的功能

数控车床是目前使用最广泛的数控机床之一。数控车床由数控系统、床身、主轴、进给系统、回转刀架、操作面板和辅助系统等部分组成。虽然数控车床的外形与普通车床相似，但是数控车床的进给系统与普通车床有质的区别，传统普通车床有进给箱和交换齿轮架，而数控车床是直接用伺服电机通过滚珠丝杠驱动溜板和刀架实现进给运动的，因而进给系统的结构大为简化。数控车床和普通车床的工件安装方式基本相同，为了提高加工效率，数控车床多采用液压、气动和电动卡盘。

数控车床主要用于加工轴类、盘类等回转体零件。通过运行数控加工程序，可自动完成内外圆柱面、圆锥面、成形表面、螺纹和端面等工序的切削加工，并能进行车槽、钻孔、扩孔、铰孔等工作。数控车床可在一次装夹中完成更多的加工工序，提高了加工精度和生产效率，特别适合于复杂形状的回转体零件的加工。图 2-1 所示为数控车床加工的典型零件。

图 2-1　数控车床加工的典型零件

2．数控车床的分类

数控车床品种繁多，规格不一。

按主轴位置的不同，数控车床可分为立式数控车床和卧式数控车床两大类。

1) 按主轴位置划分

(1) 立式数控车床(如图 2-2 所示)：简称数控立车，其车床主轴垂直于水平面，一个直径很大的圆形工作台用来装夹工件。这类机床主要用于加工径向尺寸大、轴向尺寸相对较小的大型复杂零件。

(2) 卧式数控车床(如图 2-3 所示)：分为水平导轨卧式数控车床和倾斜导轨卧式数控车床两类。卧式数控车床的倾斜导轨结构可以使车床占地面积小，并易于排除切屑。

图 2-2　立式数控车床

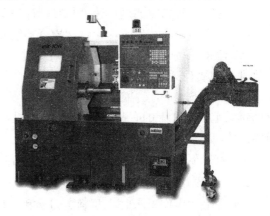

图 2-3　卧式数控车床

2) 按功能划分

按功能的不同，数控车床可分为经济型数控车床、全功能型数控车床、精密型数控车床和车削加工中心四大类。

(1) 经济型数控车床：采用步进电动机和单片机对普通车床的进给系统进行改造后形成的简易型数控车床。其成本较低，自动化程度和功能都比较差，车削加工精度也不高，适用于要求不高的回转体零件的车削加工。

(2) 全功能型数控车床：根据车削加工要求在结构上进行专门设计并配备通用数控系统而形成的数控车床。其数控系统功能强，自动化程度和加工精度也比较高，适用于加工精度要求高，形状复杂的回转体零件的车削加工。这种数控车床可同时控制两个坐标轴，即 X 轴和 Z 轴。

(3) 精密型数控车床：采用闭环控制，不但具有全功能型数控车床的全部功能，而且机械系统的动态响应较快，适用于精密和超精密加工。

(4) 车削加工中心(如图 2-4 所示)：在全功能型数控车床的基础上，增加了 C 轴和动力头，更高级的数控车床带有刀库，可控制 X、Z 和 C 三个坐标轴，联动控制轴可以是 $(X、Z)$、$(X、C)$ 或 $(Z、C)$。由于增加了 C 轴和铣削动力

图 2-4　车削加工中心

头，这种数控车床的加工功能大大增强，除可以进行一般车削外，还可以进行径向和轴向铣削、曲面铣削、中心线不在零件回转中心的孔和径向孔的钻削等加工。

3. 数控车床的安全操作

1) 加工前的安全操作

(1) 开机前应对数控车床进行全面细致的检查，包括操作面板、导轨面、卡爪、尾座、刀架、刀具等，确认无误后方可操作。零件加工前，首先检查机床及其运行状况。该项检查可以通过试车的方法进行。

(2) 在操作机床前，应仔细检查输入的数据，核对代码、地址、数值、正负号、小数点及语法是否正确，以免引起误操作。

(3) 确保编程指定的进给速度与实际操作所需要的进给速度相适应。

(4) 当使用刀具补偿时，应再次检查补偿方向与补偿量。

(5) CNC 参数都是机床出厂时设置好的，通常不需要修改。如果必须修改，在修改前，应确保对参数有深入全面的了解。

(6) 机床通电后，CNC 装置尚未出现位置显示或报警画面前，不应触碰 MDI 面板上的任何键。因为 MDI 上的有些键是专门用于维护和特殊操作的，如在开机的同时按下这些键，可能产生机床数据丢失等错误。

(7) 数控车床通电后，检查各开关、按钮和按键是否正常、灵活，机床有无异常现象。

2) 机床操作过程中的安全操作

(1) 当手动操作机床时，要确定刀具和工件的当前位置，并保证正确指定了运动轴、方向和进给速度。

(2) 机床通电后，必须首先执行手动返回参考点操作。如果机床没有执行手动返回参考点操作，那么机床的运动不可预料，极易发生碰撞事故。

(3) 在使用手轮进给时，一定要选择正确的手轮进给倍率。过大的手轮进给倍率容易使刀具或机床损坏。

(4) 在手动干预、机床锁住或平移坐标操作时，都可能使工件坐标系位置发生变化。用加工程序控制机床前，请先确认工件坐标系。

(5) 未装工件前，常常空运行一次程序，看程序能否顺利进行，刀具和夹具安装是否合理，有无超程或干涉现象。通过机床空运行来确认机床运行的正确性。在空运行过程中，机床以系统设定的空运行进给速度运行，这与程序输入的进给速度不一样，而且空运行的进给速度要比编程用的进给速度快得多。

(6) 试切进刀时，快速倍率开关必须打到较低挡位。在刀具运行至距工件 30~50 mm 处，必须在进给保持下验证 Z 轴和 X 轴坐标剩余值与加工程序是否一致。

(7) 在加工中，刃磨刀具和更换刀具后，要重新测量刀具位置并修改刀补值。

(8) 必须在确认工件夹紧后才能启动机床，严禁工件转动时测量、触摸工件。

(9) 操作中出现工件跳动、打抖、异常声音、夹具松动等异常情况时，必须立即停车处理。

(10) 紧急停车后，应重新进行机床"回零"操作，才能再次运行加工程序。

3) 与编程相关的安全注意事项

(1) 如果没有正确设置工件坐标系,那么尽管程序指令是正确的,机床仍不按其加工程序规定的位置运动。

(2) 在编程过程中,一定要注意公、英制的转换,使用的单位制式一定要与机床当前使用的单位制式相同。

(3) 当编制恒线速度指令时,应注意主轴的转速,特别是靠近主轴轴线时的转速不能过高。因为,当工件安装不太牢固时,会由于离心力过大而甩出工件,造成事故。

(4) 在刀具补偿功能模式下,当出现基于机床坐标系的运动命令或参考点返回命令时,补偿就会暂时取消,这极有可能导致机床发生不可预想的事故。

2.2.2 数控车床面板操作

为了更好地了解数控车床操作面板上各个按键的功能,掌握数控车床的调整,做好加工前的准备工作,首先需要熟悉数控车床面板操作。

现以 FANUC 0i 系统数控车床为例,重点介绍数控系统操作面板和机床操作面板两方面的内容。

1. 数控系统操作面板

数控系统操作面板又称手动数据输入(MDI,Manual Data Input)面板,大体分为地址/数字键区、功能键区及屏幕显示区,如图 2-5 所示。

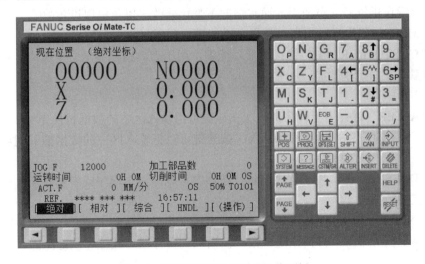

图 2-5 FANUC 0i 数控系统操作面板

1) 地址/数字键区

地址/数字键区(如图 2-6 所示)用于输入数据到输入区(也称缓冲区)内,字母和数字键通过"SHIFT"键进行切换。

2) 功能键区

功能键区(如图 2-7 所示)位于数控系统操作面板右下方,主要负责程序编辑、坐标系和刀具补偿录入、参数设定、警报记录、图形确认等多项内容。

图 2-6   地址/数字键区

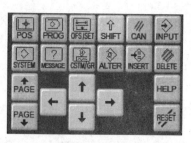

图 2-7   功能键区

(1) 主功能键。

① "POS" 键：位置功能键，用于显示机床的当前位置。位置显示有三种方式：绝对坐标、相对坐标、综合坐标，其中综合坐标包括绝对坐标、相对坐标、机械坐标以及剩余进给等四项内容。

② "PROG" 键：程序功能键。该键在 EDIT 方式下，用于编辑、显示存储器里的程序；在 MDI 方式下，用于输入、显示 MDI 数据；在机床自动操作时，用于显示程序指令。

③ "OFS | SET" 键：刀具补偿功能键。设定加工参数，结合扩展功能软键可进入设置页面，包括刀具补偿参数设置页面、系统状态设置页面、系统显示与系统运行方式有关的参数设置页面、工件坐标系设置页面。第一次按下该键，进入坐标系设置页面；第二次按下该键，进入刀具补偿参数设置页面。也可以按相对应的软键进行选择。

④ "SYSTEM" 键：系统参数设置功能键，用于参数的设定、显示及自诊断数据的显示。一般该键仅供维修人员使用，通常情况下禁止修改，以免出现设备故障。

⑤ "MESSAGE" 键：报警信息显示功能键，用于显示报警信息。

⑥ "CUSTOM/GRAPH" 键：图形功能键，用于刀具路径显示、坐标值显示以及与刀具路径模拟有关的参数设定。

(2) 程序编辑键。

① "ALTER" 键：用于程序更改。按该键可用输入区中的数据替换光标所在的数据。

② "INSERT" 键：用于程序插入。按该键可以把输入区中的数据插入到当前光标之后的位置。

③ "DELETE" 键：用于程序删除。按该键可删除一个程序或者删除全部程序或者删除光标所在的数据。

④ "INPUT" 键：用于程序输入。当按下一个字母键或数字键时，数据被输入到缓冲区，并且显示在屏幕上；再按该键，数据被输入到寄存器。此键和软键上的 "输入" 键是等效的。

⑤ "CAN" 键：用于程序取消。如当键入 "G54　G90　G00　X100.09" 后，按下该键，数字 9 就被删除，显示为 "G54　G90　G00　X100.0"。

⑥ "SHIFT" 键：用于换挡。键盘上的某些键具有两个功能，按下该键可以在这两个功能之间进行切换。利用该键可以进行同一键上的两字母间的切换。例如，当直接按 "O$_P$" 键时，在 CRT 屏幕上将显示字母 "O"；如果按 "SHIFT" 键后再按 "O$_P$" 键，则在 CRT 屏幕上将显示字母 "P"。同样的方法也可以切换数字键中的数字和字母，如 9 与 C 等。

⑦ "EOB" 键：用于分号输入。在编程时按该键会在屏幕上出现 "；" 来进行换行。

该键与"DELETE"键合用，可以将一行内容删掉。

(3) "PAGE"翻页键。

"PAGE↑"键：用于将屏幕显示的页面往前翻页。

"PAGE↓"键：用于将屏幕显示的页面往后翻页。

(4) "RESET"复位键。该键具备以下功能：

① 可以 CNC 复位(光标返回到程序首端)。

② 取消机床报警。

③ 使机床自动中断，停止运行。

④ MDI 模式下编辑的程序被清除。

当机床自动运行时，按下此键，则机床所有操作都停下来。此状态下若恢复自动运行，则刀架要返回参考点，程序从头执行。

(5) "HELP"帮助键。它提供对 MDI 键操作方法的帮助信息。如对操作面板不熟悉或不明白，按下该键，可以获得帮助。

(6) 光标移动键。

"→"键：用于将光标向右或者向前移动。

"←"键：用于将光标向左或者往回移动。

"↑"键：用于将光标向上或者往回移动。

"↓"键：用于将光标向下或者向前移动。

3) 屏幕显示区

屏幕显示区(如图 2-8 所示)位于数控系统操作面板左侧，包括 CRT 显示屏和操作软键两部分。

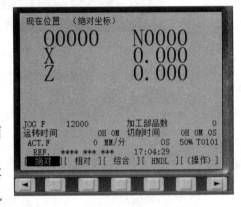

(1) CRT 显示屏：位于屏幕显示区上方，主要用于菜单、系统状态、故障报警等的显示和加工轨迹的图形仿真。数控系统所处的状态和操作命令不同，显示的信息也就不同。

图 2-8　屏幕显示区

(2) 操作软键：位于屏幕的底端。在不同的画面下，软键有不同的功能。要显示一个更详细的画面时，可以在按下功能键后按软键。最左侧带有向左箭头的软键为菜单返回键，最右侧带有向右箭头的软键为菜单继续键。根据不同的画面，软键有不同的功能，软键的功能显示在屏幕的底端。按下面板上的功能键之后，属于所选功能的详细内容就立刻显示出来，如图 2-5 中"[绝对]""[相对]""[综合]""[HNDL]""[(操作)]"所对应的软键依次位于屏幕的底端。按下所选的软键，则所选内容就显示出来。如果有关的一个目标内容在屏幕上没有显示出来，可按下菜单继续键进行查找；当所需的目标内容显示出来后，按下"[(操作)]"所对应的软键，就可以显示要操作的菜单；如要重新显示前面的内容，按下菜单返回键即可。后面所介绍的软键有的机床未汉化，且不是完整的英文单词，操作人员应当注意，真正理解后，再具体操作使用各键功能。

2. 机床操作面板

机床操作面板(MCP，Machine Control Panel)用于直接控制机床的动作和加工过程。如图 2-9 所示，机床操作面板主要由操作模式开关、主轴转速倍率调整旋钮、进给速度调节旋钮、各种辅助功能选择开关、手轮、各种指示灯等组成。各按钮、旋钮、开关的位置结构由机床厂家自行设计制作，因此各机床厂家生产的机床操作面板各不相同，但其基本功能是相同的。现以 FANUC 0i 系统数控车床为例，介绍数控车床的机床操作面板。

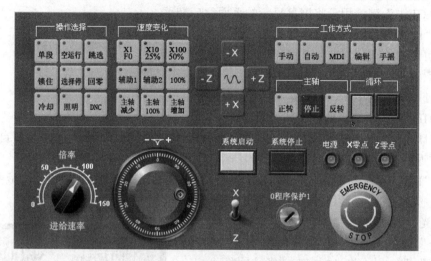

图 2-9　FANUC 0i 系统数控车床操作面板

机床操作面板上安装有各种按键，下面详细说明其功能。

(1) 进给倍率旋钮：在自动运行中，用于选择程序中进给量的倍率，调节范围为 0%～150%，每格为 10%。在实际加工中，根据加工的情况，可快速调节进给速度，达到满意的效果。

(2) 手轮：也称为手摇脉冲发生器，用于手轮进给。其具体功能如下：

① 手轮模式下控制机床移动。

② 手轮逆时针旋转，机床向负方向移动；手轮顺时针旋转，机床向正方向移动。

③ 手轮每旋转刻度盘上的一格，机床根据所选择的移动倍率移动一个单位。随着手轮的不断旋转，机床根据所选择的移动倍率连续移动(移动的最小单位有 0.1 mm、0.01 mm、0.001 mm 等三个挡位)。

(3) 紧急停止(EMERGENCY STOP)按钮：按下该按钮后，机床立即停止运动。

(4) 系统启动按钮：用于开启数控系统。

(5) 系统停止按钮：用于关闭数控系统。

(6) 工作方式选择按钮 手动 自动 MDI 编辑 手摇 ：用于选择数控系统的运行模式，从左向右依次为手动(JOG)模式、自动(AUTO)模式、MDI 模式、编辑(EDIT)模式、手摇(HANDLE)模式。按下其中的一个按钮，数控系统将进入相应的运行模式，该按钮左上角的指示灯亮。

① 手动(JOG)模式：用于实现手动连续进给运动。

② 自动(AUTO)模式：所有工作都准备好之后，要进行零件加工，就选择自动模式。

③ MDI 模式：又称为手动数据输入模式，在此模式下，可以在输入单段的命令或几段命令后，立即按下循环启动按钮使机床动作，以满足工作需要。

④ 编辑(EDIT)模式：在编辑模式下可以对程序进行操作。

⑤ 手摇(HANDLE)模式：又称为手轮模式，可以使用手轮来移动机床的各轴运动。此

模式下可以精确调节机床移动量。

(7) 主轴旋转按钮 正转 停止 反转 ：用于选择主轴正转、主轴反转和主轴停止。

(8) 进给方向选择按钮 -Z 、 +Z 、 -X 、 +X ：手动连续进给时，用于选择刀具的进给方向。

(9) 快速进给按钮 ∿ ：手动连续进给时，用于选择刀具快速进给。

(10) 手轮进给倍率按钮 X1 F0 X10 25% X100 50% ：手轮进给时，用于选择每个刻度的移动量。按下所选的倍率按钮后，该按钮左上角的指示灯亮。

(11) 主轴速度控制按钮 主轴减少 主轴100% 主轴增加 ：在自动或 MDI 模式下，当 S 指令的主轴速度偏高或偏低时，可用该按钮控制主轴转速的升降。

(12) 操作选择按钮 单段 空运行 跳选 、 锁住 选择停 回零 、 冷却 照明 DNC ：按下其中一个按钮，数控系统将进入相应的操作方式，该按钮左上角的指示灯亮。

① 单段按钮：在自动运行方式下，使程序一段一段地执行。

② 空运行按钮：检验程序时，机床空运行。

③ 跳选按钮：用于跳过程序中带有"/"的程序段。

④ 锁住按钮：选择是否锁住机床的进给轴。

⑤ 选择停按钮：在自动运行中，停止执行程序，按循环启动按钮可以恢复自动运行。

⑥ 回零按钮：返回参考点模式，用于返回机床参考点。

⑦ 冷却按钮：用于开启冷却液。

⑧ 照明按钮：按下该按钮后，照明灯亮。

⑨ DNC 按钮：用于网络数据控制。

(13) 循环按钮 ▦ ▦ ：在自动或 MDI 模式下，当程序编制结束需要运行时，点击 ▦ 按钮程序开始循环，点击 ▦ 按钮程序停止循环。

2.2.3 数控车床仿真软件

数控加工仿真是采用计算机图形学的手段对加工进给和零件切削过程进行模拟的，其具有快速、逼真、成本低等优点。它采用可视化技术，通过仿真和建模软件，模拟实际的加工过程，在计算机屏幕上将车、铣、钻、镗等加工工艺的加工路线描绘出来，并能提供错误信息反馈，使工程制造人员能预先看到制造过程，及时发现生产过程中的不足，有效预测数控加工过程和切削过程的可靠性及高效性，还可以对一些意外情况进行控制。数控加工仿真代替了试切等传统的进给轨迹检验方法，大大提高了数控机床的有效工时和使用寿命，因此在制造业得到了越来越广泛的应用。下面以一个典型零件为例介绍北京市斐克科技有限责任公司的"VNUC"数控车床仿真软件的操作过程。

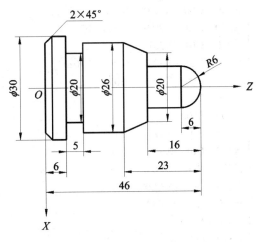

图 2-10　典型零件

1. 零件图及坐标系的建立

仿真加工零件的尺寸及坐标系的建立如图 2-10 所示。

2. 编制加工程序

根据所设计的零件图中的各尺寸坐标编写相应的程序，将编写后的程序另存为".cut"格式，并使用 VNUC 仿真软件中的加载功能加载该程序。图 2-10 所示零件的程序编写如表 2-1 所示。

表 2-1　数控加工程序

程　　序	说　　明
O0201；	程序名
N010　G21　G97　G98　G54；	
N020　G00　X40.0　Z80.0；	快速接近工件
N030　T0101；	换 1 号刀
N040　M03　S800；	
N050　G00　X32.0　Z46.0；	
N060　G71　U2.0　R1.0；	粗切循环，吃刀量 2 mm，退刀量 1 mm
N070　G71　P080　Q150　U1.0　W0.5　F300；	粗切循环，精车余量 1 mm
N080　G01　X0.0　Z46.0；	//ns 粗切循环第一段
N090　G03　X12.0　Z40.0　R6.0；	
N100　G01　X12.0　Z30.0；	
N110　X20.0　Z30.0；	
N120　X26.0　Z23.0；	
N130　X26.0　Z6.0；	
N140　X30.0　Z6.0；	
N150　X30.0　Z0.0；	//nf 粗切循环结束段
N160　G70　P080　Q150　F100；	精车循环
N170　G00　X40.0　Z80.0；	快速退出
N180　T0202；	换 2 号刀
N190　S300；	
N200　G00　X32.0　Z6.0；	
N210　G01　X20.0　Z6.0　F70；	
N220　G04　X2.0；	
N230　G01　X32.0　Z6.0　F70；	
N240　G00　X32.0　Z−5.0；	
N250　G01　X20.0　Z−5.0　F70；	
N260　G04　X2.0；	
N270　G01　X32.0　Z−5.0　F70；	
N280　G00　X40.0　Z80.0；	
N290　T0101；	换 1 号刀
N300　S500；	
N310　G00　X32.0　Z2.0；	
N320　G01　X30.0　Z2.0；	
N330　X26.0　Z0.0；	
N340　G00　X32.0　Z0.0；	
N350　X40.0　Z80.0；	
N360　M05；	主轴停
N370　M30；	程序结束

3. VNUC 仿真软件操作步骤

1) 开启仿真软件

开启 VNUC 仿真软件后，出现如图 2-11 所示的仿真软件操作界面，该界面中有系统默认的数控系统和机床面板。

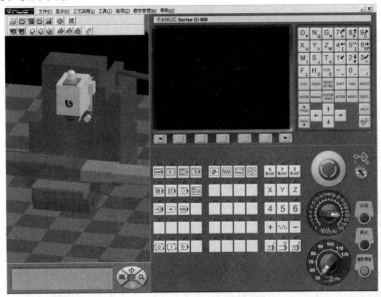

图 2-11　仿真软件操作界面

2) 选择机床和系统

在"选项"里选择"选择机床与数控系统"，选择所需要的机床类型、数控系统、机床面板。本零件加工可选择卧式车床、FANUC 0i Mate-TB 系统和大连机床厂操作面板 A，如图 2-12 所示。

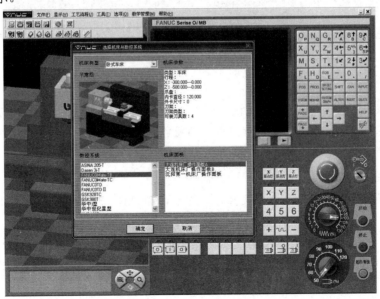

图 2-12　选择机床和系统

3) 软件操作准备工作

首先点击紧急停止按钮"EMERGENCY STOP"，按钮将明显变大；然后点击"系统启动"按钮，系统将开启，出现如图 2-13 所示的界面。在 JOG 模式下点击"回零"按钮，再点击"+X"和"+Z"，将机床回零。回零后，相应的指示灯亮起。各准备工作完成后可进行下一步操作。

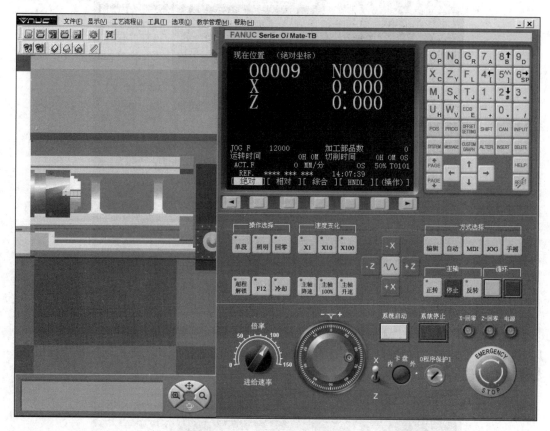

图 2-13　机床开机

4) 程序输入

在编辑模式下点击"PROG"按钮，进入程序输入界面。可在此界面下输入相应零件的程序；也可利用该仿真软件的加载功能，直接将编辑好的程序加载到系统中，加载的程序名为 O0009 号程序。

5) 选择毛坯和刀具

根据编辑的程序和零件图要求选择合理的毛坯和刀具。选择和装夹毛坯时，需要注意夹持长度和露出的长度，如图 2-14 所示；选择刀具时，注意刀具的参数，加工本零件需要两把刀具，一把外圆车刀和一把切槽刀。外圆车刀和切槽刀的参数分别如图 2-15 和图 2-16 所示。选择好相应刀具参数后，点击"完成编辑"按钮；选择完所有刀具后，点击"确定"按钮。

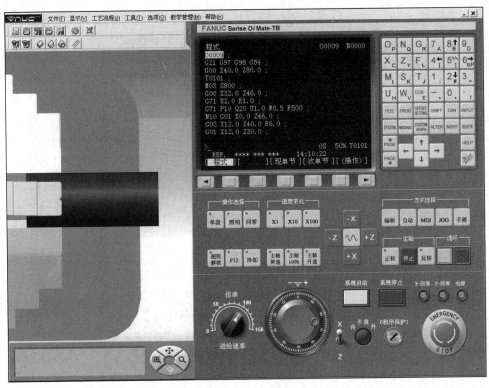

图 2-14　选择并装夹毛坯

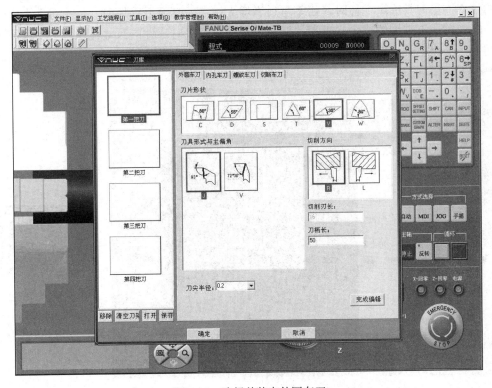

图 2-15　选择并装夹外圆车刀

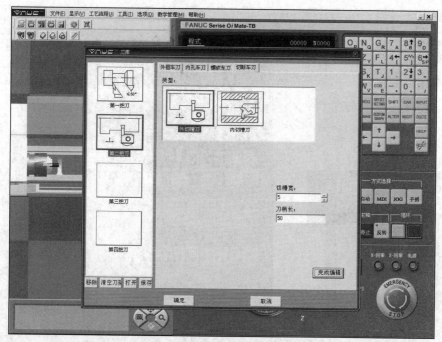

图 2-16　选择并装夹切槽刀

6) 外圆车刀试切法对刀

在 JOG 模式下，点击"正转"按钮，使主轴正转；然后移动 X 及 Z。需要注意进给速度的倍率：当刀具远离毛坯时，倍率可适当增大；当刀具靠近毛坯时，倍率可适当降低。

试切时，不宜切的过多、过深，避免影响正式加工时零件的尺寸，试切一小段即可。试切后，停止主轴，然后测量出试切的长度和试切后的直径，如图 2-17 所示。

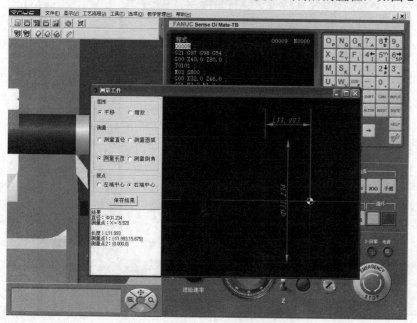

对刀视频

图 2-17　外圆车刀试切法对刀

测量后点击"OFFSET SETTING"按钮，在如图 2-18 所示的界面中输入测量值。此时需要注意的是：直径方向，即 X 方向，可将测量值直接输入到 G54 的 X 栏中，再点击"测量"，系统自动运算；Z 方向则需要将零件的长度减去测量值后所得的数据输入到 Z 栏中，再点击"测量"，系统自动运算。

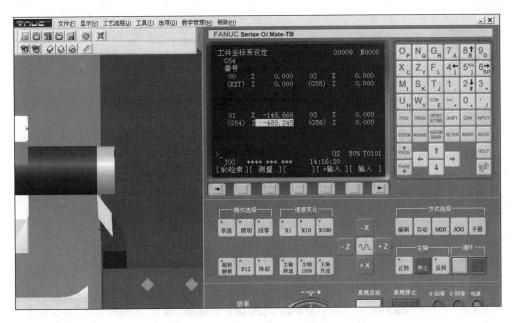

图 2-18　外圆车刀对刀数据测算

7) 切槽刀对刀

在 MDI 模式下输入"T0202"，然后点击"循环"按钮，将刀具换成第二把刀。按照第一把刀的步骤进行试切，并测量出相应的数值，如图 2-19 所示。

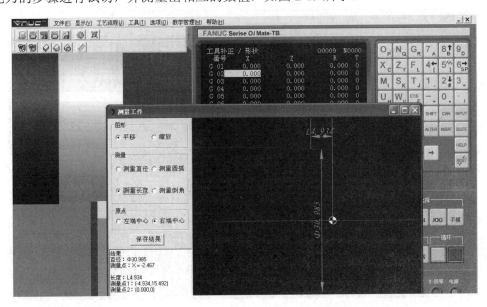

图 2-19　切槽刀试切法对刀

测量各数据后，点击"OFFSET SETTING"按钮，将界面切换到如图 2-20 所示的界面。将光标移动到第二行，即第二把刀的数据处，将测量的数据输入到相应的位置。此时需要注意的是：X方向，直接输入测量值，并需要在数据前加"X"，再点击"测量"；Z方向，需要用零件长度减去测量的数据，并在数据前加"Z"，再点击"测量"。最终结果如图 2-20 所示。

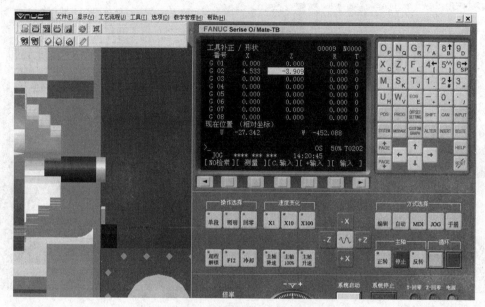

图 2-20　切槽刀对刀数据测算

8) 加工零件

在自动模式下点击"循环"，系统将按照编写的程序自动循环加工。仿真加工过程如图 2-21～图 2-26 所示。

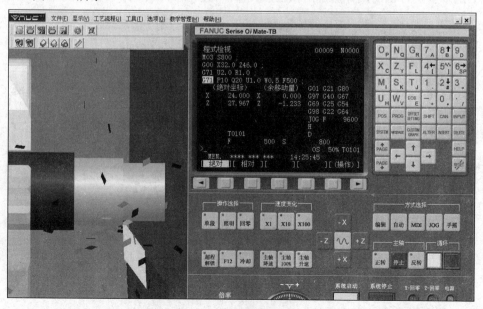

图 2-21　外圆轮廓粗加工

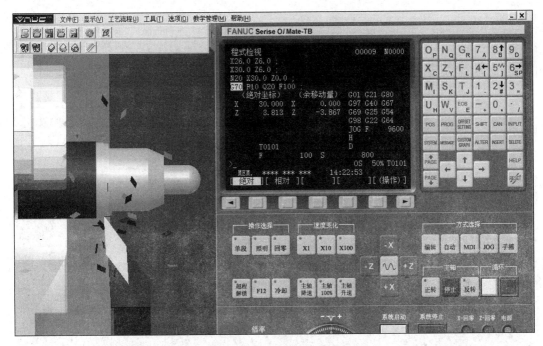

图 2-22 外圆轮廓精加工

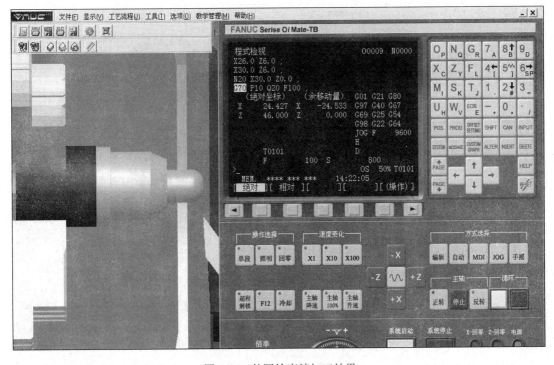

图 2-23 外圆轮廓精加工结果

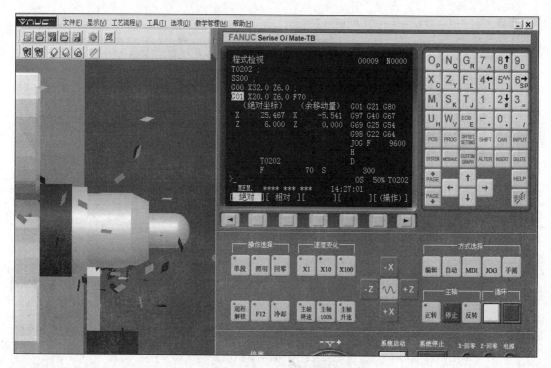

图 2-24　切槽加工

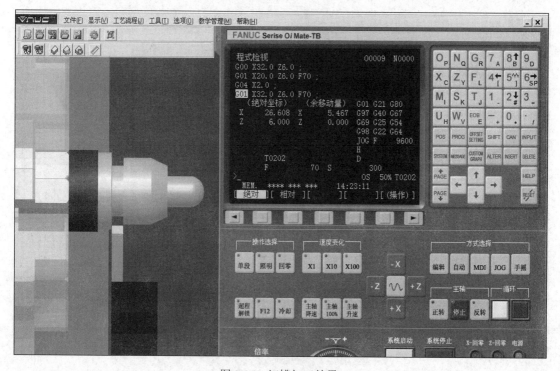

图 2-25　切槽加工结果

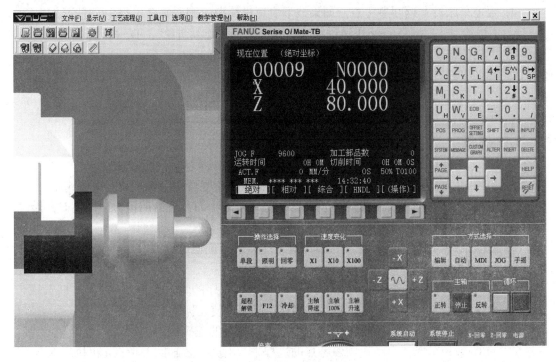

图 2-26　零件加工效果图

2.3　拓 展 训 练

1. 到实习工厂或数控加工实训室进行实训，了解数控车床的功能及分类，掌握数控车床操作面板上各开关、按钮的功能。

2. 到数控仿真实训室，用 VNUC 仿真软件进行仿真软件的安装、启动训练；熟悉软件的界面及功能菜单；进行机床选择、程序输入、程序编辑(利用本书其他项目中的程序实例)以及数控车床的回零、安装工件、选择刀具、对刀等基本操作训练；随着课程的进展，对本书有关数控车床项目中的各种指令进行数控仿真模拟训练。

✦✦✦ 自 测 题 ✦✦✦

1. 选择题

(1) CRT/MDI 面板功能键中，用于刀具偏置设置的键是(　　)。

A. POS　　　　　　B. OFFSET SETTING　　　　C. PROG　　　　　　D. CAN

(2) 数控车床开机第一步总是先使机床返回参考点，其目的是建立(　　)。

A. 工件坐标系　　　B. 机床坐标系　　　　　　C. 编程坐标系　　　D. 工件基准

(3) 数控车床操作面板上用于程序字更改的键是(　　)。

A. ALTER　　　　　B. INSERT　　　　　　　　C. DELETE　　　　　D. EOB

(4) 数控车床没有返回参考点，如果按下快速进给键，则通常会出现( )情况。

A. 不进给　　　　　B. 快速进给　　　　　C. 手动连续进给　　　D. 机床报警

(5) 下列按钮或开关中，与单程序段按钮可进行复选的是( )。

A. 自动(AUTO)　　B. 编辑(EDIT)　　C. 手动(JOG)　　　D. 手摇(HANDLE)

(6) 在"机床锁定"(FEED HOLD)方式下进行自动运行，( )功能被锁定。

A. 进给　　　　　　B. 刀架转位　　　　C. 主轴　　　　　　D. 冷却

2．判断题

( )(1) 在任何情况下，程序段前加"/"符号的程序段都将被跳过执行。

( )(2) 在自动加工的空运行状态下，刀具的移动速度与程序中指令的进给速度无关。

( )(3) 通常情况下，手摇脉冲发生器顺时针转动为刀具进给的正方向，逆时针转动为刀具进给的负方向。

( )(4) 手摇进给的进给速度可通过进给速度倍率旋钮进行调节，调节范围为 0%～150%。

( )(5) 只有在 MDI 或 EDIT 模式下，才能进行程序的输入操作。

( )(6) 在 EDIT 模式下，按下"RESET"键即可使光标跳到程序开头。

( )(7) 数控车床的空运行主要用于检查刀具轨迹的正确性。

( )(8) 数控车床在手动返回参考点的过程中，先执行 Z 轴回参考点，再执行 X 轴回参考点较为合适。

3．简答题

(1) 简述数控车床的分类。

(2) 简述数控车床仿真操作的对刀过程。

自测题答案

项目3 数控车床加工预备工作

3.1 技能要求

(1) 掌握数控车床工件装夹与刀具选择的方法。

(2) 掌握数控车床典型零件的车削工艺分析特点，并能够正确地对零件进行数控车削工艺分析。

(3) 了解数控车床对刀及设置工件零点的方法，掌握数控车床刀具偏置的设定方法。

3.2 知 识 学 习

3.2.1 数控车床的工件装夹与刀具选择

1. 数控车床的工件装夹

机床夹具是指安装在机床上，用以装夹工件或引导刀具，使工件和刀具具有正确的相互位置关系的装置。在数控车床上用于装夹工件的装置称为数控车床夹具。车床夹具可分为通用夹具和专用夹具两大类。通用夹具是指能够装夹两种或两种以上工件的夹具，例如车床的三爪卡盘、四爪卡盘、弹簧夹头和通用心轴等；专用夹具是指专门为加工某一特定工件的某一工序而设计的夹具。

数控车床多采用三爪自定心卡盘夹持工件。由于数控车床主轴转速极高，为便于工件夹紧，多采用液压高速动力卡盘，通过调整油缸压力，可改变卡盘夹紧力，以满足夹持各种薄壁和易变形工件的特殊需要。液压高速动力卡盘具有高转速(极限转速可达 4000～6000 r/min)、高夹紧力(最大推拉力为 2000～8000 N)、高精度、调爪方便、使用寿命长等优点。

另外，三爪卡盘上还可使用软爪夹持工件。软爪在使用前可进行自镗加工，以保证卡爪中心与主轴中心同轴。软爪弧面由操作者随机配制，可获得理想的夹持精度。

2. 数控车床的刀具选择

与普通机床加工方法相比，数控加工对刀具提出了更高的要求，不仅要求刚性好，精度高，而且要求尺寸稳定，耐用度高，断屑和排屑性能好；同时要求安装调整方便，以满足数控机床高效率的要求。数控车床刀具种类繁多，功能互不相同。根据不同的加工条件正确选择刀具是编制程序的重要环节，因此必须对车刀的种类及特点有一个基本的了解。

1) 按加工用途分类

车床主要用于回转表面的加工，如内(外)圆柱面、圆锥面、圆弧面、螺纹、切槽等切削加工。因此，数控车床使用的刀具可分为外圆车刀、内孔车刀、螺纹车刀、切槽刀等。常用的车刀类型如图 3-1 所示。

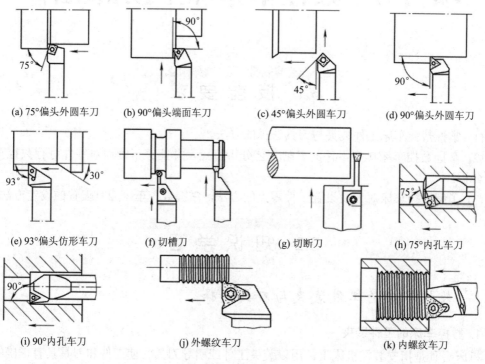

(a) 75°偏头外圆车刀　　(b) 90°偏头端面车刀　　(c) 45°偏头外圆车刀　　(d) 90°偏头外圆车刀

(e) 93°偏头仿形车刀　　(f) 切槽刀　　(g) 切断刀　　(h) 75°内孔车刀

(i) 90°内孔车刀　　(j) 外螺纹车刀　　(k) 内螺纹车刀

图 3-1　常用的车刀类型

2) 按刀尖形状分类

数控车削常用的车刀按照刀尖的形状一般分为三类，即尖形车刀、圆弧形车刀和成形车刀，如图 3-2 所示。

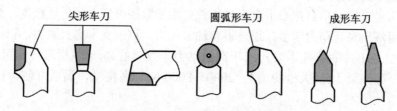

图 3-2　按刀尖形状分类的数控车刀

尖形车刀主要用于车削内外轮廓、直线沟槽等直线形表面。

圆弧形车刀用于车削内、外表面，特别适用于车削各种光滑连接(凹形)的成形面，如精度要求高的内外圆弧面及尺寸要求高的内外圆锥面等。由尖形车刀自然或经修磨而成的车刀也属于这一类。

常见的成形车刀有小半径圆弧车刀、非矩形切槽刀和螺纹车刀等。在数控车床上，除进行螺纹加工外，应尽量少用或不用成形车刀，当确有必要选用时，应在工艺准备文件或加工程序单上进行详细说明。

3) 按车刀结构分类

数控车刀在结构上可分为整体式车刀、焊接式车刀和机械夹固(简称机夹)式车刀三类，其中机夹式车刀又分为机夹刀片可重磨式车刀和机夹刀片可转位式车刀两种，如图3-3所示。

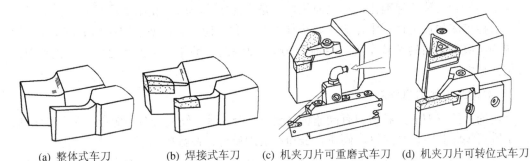

(a) 整体式车刀　　　　(b) 焊接式车刀　　(c) 机夹刀片可重磨式车刀　(d) 机夹刀片可转位式车刀

图3-3　按车刀结构分类的数控车刀

整体式车刀主要指整体式高速钢车刀，常用的有小型车刀、螺纹车刀和形状复杂的成形车刀。它具有抗弯强度高、冲击韧性好、制造简单和刃磨方便、刃口锋利等优点。

焊接式车刀是将硬质合金刀片用焊接的方法固定在刀体上，经刃磨而成的车刀。这种车刀结构简单，制造方便，刚性较好，但抗弯强度低，冲击韧性差，切削刃不如高速钢车刀锋利，不易制作复杂刀具。常用的焊接式车刀如图3-4所示。

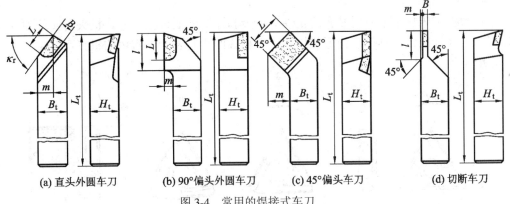

(a) 直头外圆车刀　　　(b) 90°偏头外圆车刀　　(c) 45°偏头车刀　　　(d) 切断车刀

图3-4　常用的焊接式车刀

机夹刀片可重磨式车刀是将普通硬质合金刀片用机械夹固的方法安装在刀杆上的车刀，其刀片用钝后可以修磨，修磨后，通过调节螺钉把刃口调整到适当位置，压紧后便可继续使用。图3-5为机夹刀片可重磨式切断车刀和内、外螺纹车刀。

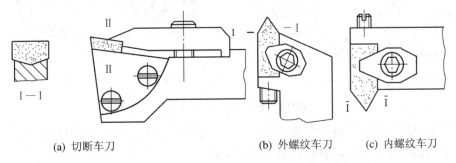

(a) 切断车刀　　　　　　(b) 外螺纹车刀　　　(c) 内螺纹车刀

图3-5　机夹刀片可重磨式切断车刀和内、外螺纹车刀

机夹刀片可转位式车刀是将标准硬质合金刀片用机械夹固的方法安装在刀杆上的车刀，其刀片为多边形，有多条切削刃，当某条切削刃磨损钝化后，只需松开夹固元件，将刀片旋转一个位置便可继续使用。其最大优点是车刀的几何角度完全由刀片保证，切削性能稳定，刀杆和刀片已标准化，加工质量好，是当前数控车床上使用最广泛的一种车刀。

在数控车床的加工过程中，为了减少换刀时间和方便对刀，便于实现加工自动化，应尽量选用机夹刀片可转位式车刀。目前，70%～80%的自动化加工刀具已使用了机夹刀片可转位式车刀。

3. 数控车刀的刀具材料

常用的数控车刀的刀具材料有高速钢、硬质合金、涂层硬质合金、陶瓷、立方氮化硼、聚晶金刚石等。其中，高速钢、硬质合金和涂层硬质合金在数控车削刀具中应用较广。

从材料的硬度、耐磨性来看，金刚石最高，立方氮化硼、陶瓷、硬质合金、高速钢依次降低；而从材料的韧性来看，则高速钢最高，硬质合金、陶瓷、立方氮化硼、金刚石依次降低。在数控车床中，目前采用最为广泛的刀具材料是涂层硬质合金。因为从经济性、适应性、多样性、工艺性等多方面看，涂层硬质合金的综合效果优于陶瓷、立方氮化硼和金刚石。

4. 机夹可转位刀片及其代码

1) 机夹可转位刀片

在数控车床加工中应用最多的是硬质合金和涂层硬质合金刀片。机夹可转位刀片的具体形状已经标准化，且每一种形状均有一个相应的代码表示。常用的机夹可转位刀片如图3-6所示。

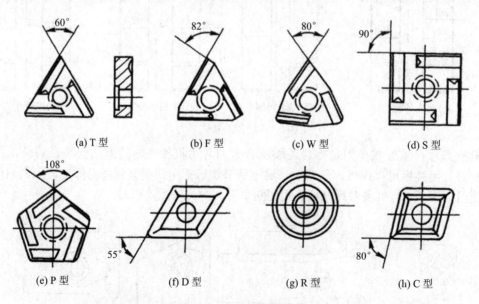

(a) T 型　　(b) F 型　　(c) W 型　　(d) S 型

(e) P 型　　(f) D 型　　(g) R 型　　(h) C 型

图 3-6　常用的机夹可转位刀片

在选择刀片形状时要特别注意，有些刀片，虽然其形状和刀尖角度相等，但由于同时参加切削的切削刃数不同，因此其型号也不相同。

一般外圆车削常用 W 型、S 型和 C 型刀片；仿形加工常用 D 型、R 型刀片；90°主偏角车刀常用 T 型刀片。不同的刀片形状有不同的刀尖强度，一般刀尖越大，刀尖强度越大，反之亦然。R 型刀片刀尖最大。在选用时，应根据加工条件恶劣与否，按重、中、轻切削有针对性地选择。在机床刚度、功率允许的条件下，大余量、粗加工时应选用刀尖角度较大的刀片；反之，机床刚度和功率小，小余量、精加工时宜选用刀尖角度较小的刀片。

2) 机夹可转位刀片的代码

硬质合金可转位刀片的国家标准采用了 ISO 国际标准。产品型号的表示方法、品种规格、尺寸系列、制造公差以及测量方法等，都与 ISO 国际标准相同。为适应我国的国情，在国际标准规定的 9 个号位之后，加一短横线，再用一个字母和一位数字表示刀片断屑槽形式和宽度。因此，我国可转位刀片的型号共用 10 个号位的内容来表示主要参数的特征。按照规定，任何一个型号的刀片都必须用前 7 个号位，后 3 个号位在必要时才使用。但对于车刀刀片，第 10 号位属于标准要求标注的部分。不论有无第 8、9 两个号位，第 10 号位前都要加一短横线"—"与前面号位隔开，并且其字母不得使用第 8、9 号位中已使用过的字母，若第 8、9 号位只使用其中一位，则写在第 8 号位上，中间不需要空格。

机夹可转位刀片型号表示方法可用图 3-7 表示。10 个号位所表示的内容如表 3-1 所示。

| 1 | 2 | 3 | 4 | 5 | 6 | 7 | 8 | 9 | — | 10 |

图 3-7 机夹可转位刀片型号表示方法

表 3-1 机夹可转位刀片 10 个号位表示的内容

位号	表 示 内 容	代表符号	备注
1	刀片形状及其夹角	一个英文字母	
2	刀片主切削刃法向后角	一个英文字母	
3	刀片内接圆直径 d 与厚度 s 的精度级别	一个英文字母	
4	刀片类型、固定方式及有无断屑槽	一个英文字母	
5	刀片主切削刃长度	两位数	具体含义应查有关标准
6	刀片厚度，主切削刃到刀片定位底面的距离	两位数	
7	刀尖圆角半径或刀尖转角形状	两位数或一个英文字母	
8	切削刃形状	一个英文字母	
9	刀片切削方向	一个英文字母	
10	制造商选择代号(断屑槽形及槽宽)	英文字母或数字	

一般情况下，第 8 号位和第 9 号位是当有要求时才填写的。第 10 号位则根据不同厂商而含义不同，如 SANDVIK 公司用来表示断屑槽代号或代表设计有断屑槽等。

例如：

TNUM160408ER—A2

T 表示 60°三角形刀片；N 表示刀具法向主后角为 0°；U 表示刀片内接圆直径 d 为 6.35 mm

时，刀片转位尺寸公差为±0.013 mm，内接圆公差为±0.08 mm，厚度公差为±0.013 mm；M 表示圆柱孔夹紧，单面断屑槽；16 表示切削刃长 16 mm；04 表示刀片厚度为 4.76 mm；08 表示刀尖圆弧半径为 0.8 mm；E 表示刀刃倒圆；R 表示切削方向向右；A2 表示直沟卷屑槽，槽宽 2 mm。

5. 刀片常用参数的选择

1) 刀片后角的选择

常用的刀片后角有 N(0°)、C(7°)、P(11°)和 E(20°)等。一般粗加工、半精加工可用 N 型；半精加工、精加工可用 C 型、P 型，也可用带断屑槽形的 N 型刀片；加工铸铁、硬钢可用 N 型；加工不锈钢可用 C 型、P 型；加工铝合金可用 P 型、E 型；加工弹性恢复性好的材料可选用较大一些的后角；一般孔加工可选用 C 型、P 型，大尺寸孔可选用 N 型。

2) 刀片切削方向的选择

刀片切削方向有 R(右手)、L(左手)和 N(左右手)三种。要注意区分左、右刀的方向。选择时要考虑车床刀架是前置式还是后置式，前刀面是向上还是向下，主轴的旋转方向及进给方向等。

3) 刀尖圆弧半径的选择

刀尖圆弧半径不仅影响切削效率，而且关系到被加工表面的粗糙度及加工精度。从刀尖圆弧半径与最大进给量关系来看，最大进给量不应超过刀尖圆弧半径尺寸的 80%，否则将恶化切削条件，甚至出现螺纹状表面和打刀等问题。刀尖圆弧半径还与断屑的可靠性有关，为保证断屑，切削余量和进给量有一个最小值。若刀尖圆弧半径减小，所得到的这两个最小值也相应减小，因此，从断屑可靠性出发，通常对小余量、小进给车削加工采用小的刀尖圆弧半径，反之，宜采用较大的刀尖圆弧半径。

3.2.2 典型车削零件的工艺分析

1. 数控车床的主要加工对象

数控车床是目前使用最广泛的数控机床之一。数控车床主要用于加工轴类、盘类等回转体零件。通过数控加工程序的运行，可自动完成内外圆柱面、圆锥面、成形表面和圆柱、圆锥螺纹以及端面等工序的切削加工，并能进行切槽、钻孔、扩孔、铰孔及镗孔等切削加工工作。

由于数控车床具有加工精度高、能进行直线和圆弧插补以及在加工过程中能自动变速等特点，因此其工艺范围较普通车床宽得多。数控车削中心可在一次装夹中完成更多的加工工序，提高了加工精度和生产效率，特别适合于复杂形状回转体零件的加工。

2. 数控车床切削用量的选择

切削用量选择是否合理，对于能否充分发挥机床潜力与刀具切削性能，实现优质、高产、低成本和安全操作具有重要的作用。数控车削加工中的切削用量包括背吃刀量 a_p、主轴转速 n 或切削速度 v_c(用于恒线速度切削)、进给速度 v_f 或进给量 f。这些参数均应在机床给定允许范围内选取。

1) 背吃刀量的确定

工件上已加工表面与待加工表面的垂直距离称为切削深度，又称背吃刀量，即车刀进给时切入工件的深度(mm)。

粗加工时，除留下精加工余量外，一次走刀尽可能切除全部余量。在工艺系统刚度和机床功率允许的情况下，尽可能选取较大的背吃刀量，以减少进给次数。当零件精度要求较高时，则应考虑留出精车余量，其所留的精车余量一般比普通车削时所留余量小，常取 0.1～0.5 mm。切削表面层有硬皮的铸锻件时，应尽量使 a_p 大于硬皮层的厚度，以保护刀尖。

精加工的加工余量一般较小，可一次切除。

在中等功率机床上，粗加工的背吃刀量可达 8～10 mm；半精加工的背吃刀量取 0.5～5 mm；精加工的背吃刀量取 0.2～1.5 mm。

2) 进给速度(进给量)的确定

单位时间内刀具与工件沿进给方向的相对位移量称为进给量(mm/r)。进给量 f 的选取应该与背吃刀量和主轴转速相适应。在保证工件加工质量的前提下，可以选择较高的进给速度(2000 mm/min 以下)。在切断、车削深孔或精车时，应选择较低的进给速度。

粗车时，一般取 $f = 0.3～0.8$ mm/r；精车时，常取 $f = 0.1～0.3$ mm/r；切断时，常取 $f = 0.05～0.2$ mm/r。

进给速度是数控车床切削用量中的重要参数，主要根据零件的加工精度和表面粗糙度要求以及刀具、工件的材料性质选取，最大进给速度受机床刚度和进给系统的性能限制。

粗加工时，由于对工件的表面质量没有太高的要求，这时主要根据机床进给机构的强度和刚度、刀杆的强度和刚度、刀具材料、刀杆和工件尺寸以及已选定的背吃刀量等因素来选取进给速度。

精加工时，则按表面粗糙度要求、刀具及工件材料等因素来选取进给速度。

进给速度 v_f 和进给量 f 可按以下公式进行转换：

$$v_f = f \times n$$

式中，v_f——进给速度，单位为 mm/min；

　　　f——每转进给量，单位为 mm/r；

　　　n——主轴转速，单位为 r/min。

3) 切削速度的确定

切削速度是指切削时车刀切削刃上某一点相对待加工表面在主运动方向上的瞬时速度，又称线速度(m/min)。

切削速度 v_c 可根据已经选定的背吃刀量、进给量及刀具耐用度进行选取。实际加工过程中，也可根据生产实践经验和查表的方法来选取。

粗加工或工件材料的加工性能较差时，宜选用较低的切削速度。精加工或刀具材料、工件材料的切削性能较好时，宜选用较高的切削速度。

在实际生产中，切削用量一般根据经验并通过查表的方式进行选取。常用硬质合金或涂层硬质合金切削不同材料时的切削用量推荐值见表 3-2 和表 3-3。

表 3-2 硬质合金刀具切削用量推荐表

刀具材料	工件材料	粗 加 工			精 加 工		
		切削速度 /(m/min)	进给量 /(mm/r)	背吃刀量 /mm	切削速度 /(m/min)	进给量 /(mm/r)	背吃刀量 /mm
硬质合金 或涂层硬 质合金	碳钢	220	0.2	3	260	0.1	0.4
	低合金钢	180	0.2	3	220	0.1	0.4
			0.2	3	220	0.1	
	高合金钢	120	0.2	3	160	0.1	0.4
	铸铁	80	0.2	3	140	0.1	0.4
			0.2	3	140	0.1	
	不锈钢	80	0.2	2	120	0.1	0.4
	钛合金	40	0.3	1.5	60	0.1	0.4
			0.3	1.5	60	0.1	
	灰铸铁	120	0.3	2	150	0.15	0.5
			0.3	2	150	0.15	
	球墨铸铁	100	0.2	2	120	0.15	0.5
			0.3		120	0.15	
	铝合金	1600	0.2	1.5	1600	0.1	0.5

表 3-3 常用切削用量推荐表

工件材料	加工内容	背吃刀量 /mm	切削速度 /(m/min)	进给量 /(mm/r)	刀具材料
碳素钢 $\sigma_b > 600$ MPa	粗加工	5~7	60~80	0.2~0.4	YT 类
	粗加工	2~3	80~120	0.2~0.4	
	精加工	2~6	120~150	0.1~0.2	
碳素钢 $\sigma_b > 600$ MPa	钻中心孔		50~800 r/min		W18Cr4V
	钻孔		25~30	0.1~0.2	
	切断(宽度 < 5 mm)		70~110	0.1~0.2	YT 类
铸铁 硬度 < 200 HBS	粗加工		50~70	0.2~0.4	YG 类
	精加工		70~100	0.1~0.2	
	切断(宽度 < 5 mm)		50~70	0.1~0.2	

车外圆时主轴转速应根据零件上被加工部位的直径,并按零件和刀具的材料及加工性质等条件所允许的切削速度来确定。切削速度除了计算和查表选取外,还可根据实践经验确定,需要注意的是交流变频调速数控车床低速输出力矩小,因而切削速度不能太低。根据切削速度可以计算出主轴转速。

切削速度确定后,可根据下面公式确定主轴转速:

$$n = \frac{1000v_c}{\pi d}$$

式中：n——主轴转速，单位为 r/min；

v_c——切削速度，单位为 m/min；

d——零件待加工表面直径，单位为 mm。

3. 数控车削加工工艺的制订

制订工艺是数控车削加工的前期工艺准备工作。工艺制订得合理与否，对程序编制、机床的加工效率和加工精度都有很大的影响。

1) 零件图工艺分析

零件图工艺分析主要包括零件结构工艺性分析、轮廓几何要素分析和精度及技术要求分析。

零件的结构工艺性是指零件对加工方法的适应性，即所设计的零件结构应便于加工成形。在数控车床上加工零件时，应根据数控车削的特点，认真审视零件结构的合理性。

轮廓几何要素分析是指手工编程时，计算每个基点坐标，自动编程时，对构成零件轮廓的所有几何元素进行定义。因此在分析零件图时，要分析几何元素的给定条件是否充分。

精度及技术要求分析的主要内容有：分析精度及各项技术要求是否齐全、是否合理；分析本工序的数控车削加工精度能否达到图样要求，若达不到，需采取其他措施(如磨削)弥补时，应给后续工序留有余量；找出图样上有位置精度要求的表面，这些表面应尽量在一次安装下完成；对表面粗糙度值要求较小的表面，应采用恒线速度切削。

2) 工序划分方法

在数控车床上加工零件，应按工序集中的原则划分工序，在一次装夹下尽可能完成大部分甚至全部表面的加工。在批量生产中，常用下列方法划分工序。

(1) 按零件加工表面划分工序：以完成相同型面的那一部分工艺过程为一道工序。对加工表面多而复杂的零件，可按其结构特点(如内形、外形、曲面和平面等)划分成多道工序。

将位置精度要求较高的表面在一次装夹下完成，以免多次定位夹紧产生的误差影响位置精度。如图 3-8 所示的工件，按照零件的工艺特点，将外轮廓和内轮廓的粗、精加工各放在一道工序内完成，可减少装夹次数，有利于保证同轴度。

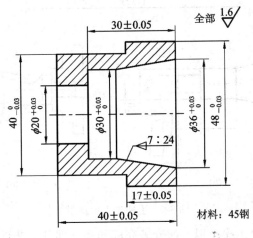

图 3-8　套类零件加工路线分析

(2) 按粗、精加工划分工序：粗加工中完成的那部分工艺过程为一道工序，精加工中完成的那一部分工艺过程为一道工序。对毛坯余量较大和加工精度要求较高的零件，应将粗车和精车分开，划分成两道或更多的工序。将粗车安排在精度较低、功率较大的数控机床上进行，将精车安排在精度较高的数控机床上完成。这种方法适用于加工后变形较大，需粗、精加工分开的零件，例如毛坯为铸件、焊接件或锻件的零件。

(3) 按所用的刀具种类划分工序：以同一把刀具完成的那一部分工艺过程为一道工序。这种方法适用于工件的待加工表面较多，机床连续工作时间较长，加工程序的编制和检查难度较大的情况。

例如，图 3-8 所示工件，其工序划分如下：

工序一：钻头钻孔，去除加工余量。

工序二：采用外圆车刀粗、精加工外形轮廓。

工序三：内孔车刀粗、精车内孔。

对同一方向的外圆切削，应尽量在一次换刀后完成，避免频繁更换刀具。

例如，车削图 3-9(a)所示的手柄零件，该零件加工所用坯料为 $\phi32$ mm 棒料，批量生产，加工时用一台数控车床。其工序的划分及装夹方式的选择如下：

工序一：夹棒料外圆柱面。如图 3-9(b)所示，将一批工件全部车出，包括切断。工序内容有：先车出 $\phi12$ mm 和 $\phi20$ mm 两圆柱面及圆锥面(粗车掉 $R42$ mm 圆弧的部分余量)，换刀后按总长要求留下加工余量；然后切断。

工序二：用 $\phi12$ mm 外圆及 $\phi20$ mm 端面装夹。如图 3-9(c)所示，工序内容有：先车削包络 $SR7$ mm 球面的 30°圆锥面；然后对全部圆弧表面半精车(留少量精车余量)；最后换精车刀将全部圆弧表面一刀精车成形。

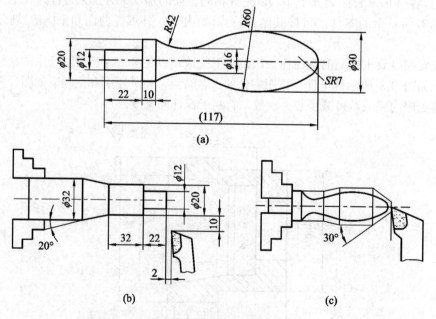

图 3-9　手柄加工示意图

(4) 按安装次数划分工序：以一次安装完成的那一部分工艺过程为一道工序。这种方法适用于工件的加工内容不多的工件，加工完成后就能达到待检状态。

例如，图 3-10 所示工件，其工序划分如下：

工序一：以毛坯的粗基准定位加工左端轮廓。

工序二：以加工好的外圆表面定位加工右端轮廓。

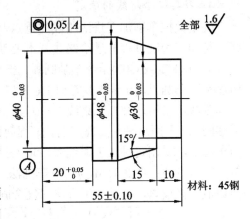

图 3-10　轴类零件加工路线分析

3) 加工顺序的确定

为了达到质量优、效率高和成本低的目的，在对零件图进行认真和仔细的分析后，制订加工方案应遵循以下基本原则——先粗后精，先近后远，内外交叉，程序段最少，走刀路线最短。

(1) 先粗后精：按照粗车—半精车—精车的顺序，逐步提高加工精度。粗加工工序可在短时间内去除大部分加工余量；半精加工工序使精加工余量小而均匀；零件的成形表面应由最后一刀的精加工工序连续加工而成，尽量不要在其中安排切入和切出或换刀及停顿，以免因切削力突然变化而造成弹性变形，致使光滑连接轮廓上产生表面划伤、形状突变或滞留刀痕等疵病。

例如，加工图 3-11 所示零件时，为了提高生产效率并保证零件的精加工质量，在切削加工时，应先安排粗加工工序，在较短的时间内，将精加工前的大部分加工余量去掉，同时尽量保证精加工的余量均匀，因此应先将图中双点画线内所示部分切除。

(2) 先近后远(这里所说的远与近，是按加工部位相对于对刀点的距离大小而言的)：在一般情况下，特别是在粗加工时，通常安排离对刀点近的部位先加工，离对刀点远的部位后加工，以便缩短刀具移动距离，减少空行程时间。对于车削而言，先近后远还有利于保持坯件或半成品的刚性，改善其切削条件。

例如，加工图 3-12 所示零件时，如果按照零件直径尺寸先大后小的顺序进行车削，既会增加刀具返回对刀点的空运行时间，还会使得各端面处产生毛刺。对这类直径相差不大的台阶轴，当第一刀背吃刀量(图 3-12 中最大背吃刀量可为 3 mm 左右)在车床的允许范围内时，宜按 $\phi34\,mm \rightarrow \phi36\,mm \rightarrow \phi38\,mm$ 的顺序先近后远地安排车削加工。

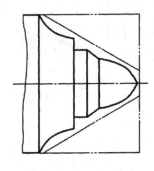

图 3-11　先粗后精示例

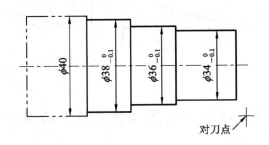

图 3-12　先近后远示例

(3) 内外交叉：对既有内表面(内型腔)又有外表面需要加工的零件，安排加工顺序时，应先进行内外表面粗加工，后进行内外表面精加工。切不可将零件上一部分表面(外表面或内表面)加工完毕后，再加工其他表面(内表面或外表面)。

    4) 刀具进给路线的确定

确定数控车削加工进给路线的重点，主要在于确定粗加工切削过程与空行程的进给路线；精加工切削过程的进给路线基本上都是沿其零件轮廓顺序进行的。

如用 G02(或 G03)指令车削圆弧，若一刀就把圆弧加工出来，背吃刀量太大，容易打刀。所以实际车圆弧时，需要多刀加工，先将大部分余量切除，最后才车出所需圆弧。图 3-13(a)为车锥法，采用这种加工路线时，刀具切削路线短，加工效率高，但计算麻烦；图 3-13(b)为移圆法，采用这种加工路线时，编程简便，若处理不当，会导致较多的空行程；图 3-13(c)为车圆法，采用这种加工路线时，每次车削圆弧的起点、终点坐标较易确定，数值计算简单，编程方便；图 3-13(d)为台阶车削法，采用这种加工路线时，刀具切削运动距离较短，但数值计算较繁，这种加工方法在复合固定循环中被广泛使用。

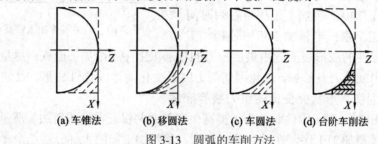

(a) 车锥法   (b) 移圆法   (c) 车圆法   (d) 台阶车削法

图 3-13 圆弧的车削方法

车削圆锥时的加工路线如图 3-14 所示。其中：图 3-14(a)为台阶车削法，这种加工方法在复合固定循环中被广泛使用；图 3-14(b)为平行车削法，采用这种加工路线时，加工效率高，但计算较繁；图 3-14(c)为终点车削法，采用这种加工路线时，刀具的终点坐标相同，无需计算终点坐标，计算方便，但每次切削过程中，背吃刀量是变化的，而刀具切削运动的路线较长。

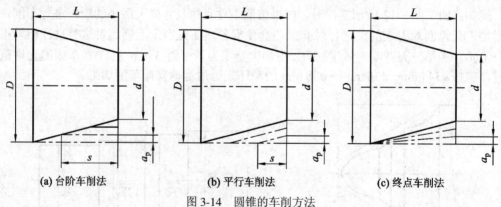

(a) 台阶车削法   (b) 平行车削法   (c) 终点车削法

图 3-14 圆锥的车削方法

3.2.3 对刀及设置工件零点的方法

1. 对刀

在数控车床编程过程中，为使编程工作更加方便，通常将数控车刀的刀尖假想成一个点，该点称为刀位点或刀尖点。它不但是表示刀具特征的点，而且也是对刀和加工的基准点。调整每把刀的刀位点，使其尽量重合于某一理想基准点的过程称为对刀。

对刀是数控车床加工中的重要操作，对刀的准确与否决定了工件的加工精度，而且对刀的效率直接影响数控车削加工的效率。对刀的实质是确定编程原点(工件零点)在机床工件坐标系中的位置，其主要目的是建立准确的工件坐标系，同时还考虑加工中不同尺寸刀具对加工的影响。

2. 设置工件零点的方法

1) 直接用刀具试切对刀

试切法对刀是实际操作中应用的最多的一种对刀方法，是数控车床最基本对刀方法。它使工件坐标系与机械坐标系紧密地联系在一起，只要不断电、不改变刀偏值，工件坐标系就不会改变；即使断电，重启后回参考点，工件坐标系还在原来的位置。这种对刀方法简单、可靠，但占用机床时间较多。下面以 FANUC 0i 系统的数控车床为例，来介绍具体操作方法。

工件和刀具装夹完毕，主轴正转，在手动操作方式下移动刀架至工件试切一段外圆。然后保持 X 坐标不变移动 Z 轴使刀具离开工件，测量出该段外圆的直径。将其输入到相应的刀具参数中的刀长中，系统会自动用刀具当前 X 坐标减去试切出的那段外圆直径，即得到工件坐标系 X 轴原点的位置。再移动刀具试切工件端面，在相应刀具参数中的刀宽中输入 Z_0，系统会自动将此时刀具的 Z 坐标减去刚才输入的数值，即得工件坐标系 Z 轴原点的位置。

例如，2# 刀刀架在机械坐标系中 X 的值为 150.0，车出的外圆直径为 25.0，那么使用该把刀切削时的程序原点在机械坐标系中 X 的值为 150.0 – 25.0 = 125.0；刀架在机械坐标系中 Z 的值为 180.0 时，切削工件的端面为 0，那么使用该把刀具切削时的程序原点在机械坐标系中 Z 的值为 180.0 – 0 = 180.0。分别将(125.0, 180.0)存入到 2# 刀具补偿寄存器的 X 与 Z 中，在程序中使用 T0202 就可以成功建立出工件坐标系。

事实上，找工件原点在机械坐标系中的位置并不是求该点的实际位置，而是找刀尖点到达(0, 0)时刀架的位置。采用这种方法对刀一般不使用标准刀，在加工之前需要将所要使用刀的刀具全部都对好。

2) 用 G50 设置工件零点

FANUC 0i 系统的数控车床用 G50 指令设定工件坐标系，其编程格式为

   G50 X__ Z__；

该指令一般作为第一条指令放在整个程序的最前面。

将工件、刀具安装好后，用 MDI 方式操纵机床。先用外圆车刀试切工件外圆，利用相对坐标系画面计算出外圆直径；然后控制刀具切削到工件端面中心位置。具体操作步骤如下：

(1) 用外圆车刀先试车一外圆，然后把刀沿 Z 轴正方向退至端面附近。

(2) 在位置画面按"[相对]"软键，进入相对坐标系后按地址键"U"，这时屏幕上的字母"U"不断闪烁，按"[起源]"软键置"零"。

(3) 测量所切外圆直径，假设外圆直径为 40 mm。

(4) 选择 MDI 方式，输入"G00 U–40.0 F0.3；"，按循环启动键(START 键)，使刀具切工件端面到中心(X 轴坐标减去直径值)。

(5) 选择 MDI 方式，输入"G50　X0　Z0；"，按循环启动键(START 键)，把当前位置设定为零点。

(6) 选择 MDI 方式，输入"G00　X150.0　Z150.0；"，使刀具离开工件到达起刀点。

这时程序开头应当加入"G50　X150　Z150；"程序段，并且程序起点和终点必须一致，即该刀具加工结束时，应用程序段"G00　X150.0　Z150.0；"使刀具返回起刀点，这样才能保证重复加工不乱刀。

用 G50 设定坐标系，对刀后将刀具移动到 G50 设定的位置才能加工。对刀时先对基准刀，其他刀具的刀偏都是相对于基准刀的。

3) 用 G54～G59 设置工件零点

FANUC 0i 系统的数控车床运用 G54～G59 可以设定六个坐标系，这种坐标系相对于参考点是不变的，与刀具无关。这种方法适用于批量生产且工件在卡盘上有固定装夹位置的加工。

将工件、刀具安装好后，用 MDI 方式操纵机床。先用外圆车刀试切工件外圆，测量出工件外圆直径；然后将刀具移动到工件端面中心位置，利用工件坐标系设定画面，将设定值存入 G54～G59 任意选定的坐标系中。具体操作步骤如下：

(1) 用外圆车刀先试车一外圆，然后把刀沿 Z 轴正方向退至端面附近。

(2) 测量所切外圆直径，假设外圆直径为 40 mm。

(3) 依次按"[OFS|SET]"功能键、"[坐标系]"软键，进入工件坐标系参数设定画面，移动光标到 G54 坐标系中 X 的位置上。

(4) 输入"40.0"，按"[测量]"软键，将 X 值录入到选定的 G54 坐标系中 X 的位置上。

(5) 切削工件端面。

(6) 依次按"[OFS|SET]"功能键、"[坐标系]"软键，进入工件坐标系参数设定画面，移动光标到 G54 坐标系中 Z 的位置上。

(7) 输入"0."，按"[测量]"软键，将 Z 值录入到选定的 G54 坐标系中 Z 的位置上。

编程时，可在程序中直接调用 G54～G59，如"G54　X50　Z50　…；"。可用 G53 指令清除 G54～G59 工件坐标系。

4) 直接设置工件偏置零点

在数控车床 FANUC 0i 系统的功能菜单里，有一个工件偏移坐标系界面，可输入适当的值将工件原点进行偏移。这种方法适用于批量生产且工件在卡盘上有固定装夹位置，但个别工件毛坯超出预定加工范围而需进行调整的加工。具体操作步骤如下：

(1) 用外圆车刀先试车一外圆，然后把刀沿 Z 轴正方向退至端面附近。

(2) 在位置画面按"[相对]"软键，进入相对坐标系后按地址键"U"，这时屏幕上的字母"U"不断闪烁，按"[起源]"软键置"零"。

(3) 测量所切外圆直径，假设外圆直径为 40 mm。

(4) 选择 MDI 方式，输入"G00　U−40.0　F0.3；"，按循环启动键(START 键)，使刀具切工件端面到中心(X 轴坐标减去直径值)。

(5) 依次按"[OFS|SET]"功能键、"[坐标系]"软键，进入工件坐标系参数设定画面，移动光标到 G54 坐标系中 X、Z 的位置上。

(6) 输入"0."，按"[测量]"软键，将 X、Z 值依次录入到选定的 G54 坐标系中 X、Z

的位置上。

(7) 选择回参考点方式，按 X、Z 轴回参考点键，使刀具返回机床参考点，这时具有新工件零点的坐标系即建立。

注意：这个新工件零点将一直保持，只有重新设置偏移值 Z0，才被清除。

3.2.4 刀具偏置(补偿)的设定

刀具补偿是补偿实际加工时所用的刀具与编程时使用的理想刀具或对刀时用的基准刀具之间的差值。数控车床通常需要进行连续切削加工，刀架在换刀时的前一刀具刀尖位置和更换的新刀具刀尖位置之间会产生差异，以及由于刀具的安装误差、刀具磨损和刀尖圆弧半径的存在等，因此在数控车削加工中必须利用刀具补偿功能予以补偿，才能加工出符合图纸尺寸要求的零件。

数控车床的刀具补偿可分为两类，即刀具位置补偿和刀具半径补偿，其中刀具位置补偿又分为刀具几何补偿和刀具磨损补偿。

数控车削加工中，常常利用修改刀具几何补偿和刀具磨损补偿的方法，来达到控制加工余量、提高加工精度的目的。因此，合理地利用刀具补偿可以简化编程。

1. 刀具位置补偿

1) 刀具几何补偿

刀具几何补偿用于补偿实际加工时所用的刀具形状和安装位置与编程时理想刀具或基准刀具之间的偏差值。

在实际加工工件时，使用一把刀具一般不能满足工件的加工要求，通常要使用多把刀具进行加工。作为基准刀的 1 号刀刀尖点的进给轨迹如图 3-15(a)所示(图中各刀具无刀位偏差)；其他刀具的刀尖点相对于基准刀刀尖存在一定的偏移量，即刀位偏差，如图 3-15(b)所示(图中各刀具有刀位偏差)。若使用 T 指令，则使非基准刀刀尖点从偏离位置移动到基准刀的刀尖点位置(A 点)后再按编程轨迹进给，如图 3-15(b)中实线所示。

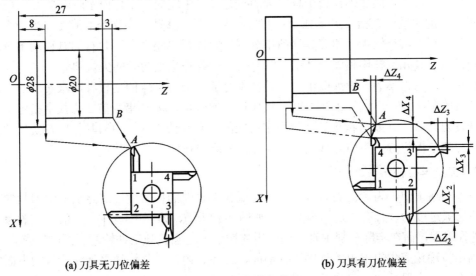

(a) 刀具无刀位偏差　　　　　　　　(b) 刀具有刀位偏差

图 3-15　刀具几何补偿

2) 刀具磨损补偿

刀具在加工过程中出现的磨损也要进行位置补偿。刀具磨损补偿用于补偿刀具使用磨损后刀具头部尺寸与原始尺寸的误差，如图 3-16 所示。

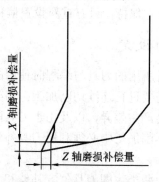

图 3-16　刀具磨损补偿

当刀具磨损后或工件尺寸有误差时，只要修改刀具补偿寄存器中每把刀具相应的数值即可。该寄存器中存放有刀具的 X 轴偏置量和 Z 轴偏置量等。

例如，某工件加工后外圆直径比要求的尺寸大(或小)了 0.1 mm，则可以用 U−0.1(U0.1) 修改相应存储器中的数值。当长度方向尺寸有偏差时，修改方法类同。

3) 刀具位置补偿的实现

刀具的位置补偿功能是由程序中指定的 T 指令实现的。T 指令由字母 T 和其后的 4 位数字组成，其中前两位数字为刀具号，后两位数字为刀具补偿号。T 指令格式为"T xx xx"。如程序段"G01　X50　Z100　T0103；"表示调用 1 号刀具，选用刀具补偿寄存器中预存的 3 号偏置量。刀具补偿号实际上是刀具补偿寄存器的地址号，可以是 0～32 中任意一个数。刀具补偿号为 00 时，表示不进行补偿或取消刀具补偿。为防止编程时调用差错，刀具补偿号一般与刀具号设置为同一数值。

刀具位置补偿功能必须在一个程序段的执行过程中完成，而且程序段内必须有 G00 或 G01 指令才能生效。T 指令可单独一行书写，也可跟在移动程序指令的后面。当一个程序段中同时含有刀具补偿指令和刀具移动指令时，先执行 T 指令，再执行刀具移动指令。

若设定刀具几何补偿和磨损补偿同时有效，则刀补量是两者的矢量和。

数控系统对刀具的补偿或取消刀具补偿都是通过数控车床的拖板移动来实现的。对带自动换刀的车床而言，执行 T 指令时，将先让刀架转位，按 T 指令前 2 位数字指定的刀具号选择好刀具后，再按 T 指令后 2 位数字对应的刀具补偿寄存器中刀具位置补偿值的大小来调整刀架拖板位置，实施刀具几何位置补偿和磨损补偿。

2. 刀具半径补偿

在车削加工中，为了提高刀具寿命并降低加工表面的粗糙度，实际加工中刀具的刀尖处制成圆弧过度刃，且有一定的半径值，如图 3-17 所示。但在编程中，一般是按假象刀尖 A 来进行编程，而在实际车削中真正起作用的切削刃是圆弧与工件轮廓表面的切点。

当用按理论刀尖点编出的程序进行端面、外径、内径等与轴线平行或垂直的表面加工时，是不会产生误差的。但在进行倒角、锥面及圆弧切削时，由于刀尖圆弧 R 的存在，实际车出的工件形状就会和零件图样上的尺寸不重合，如图 3-18 所示。图中的虚线即为实际车出的工件形状，这样就会产生圆锥表面误差。如果工件要求不高，此量可以忽略不计，但是如果工件要求很高，就应考虑刀尖圆弧半径对工件表面形状的影响。

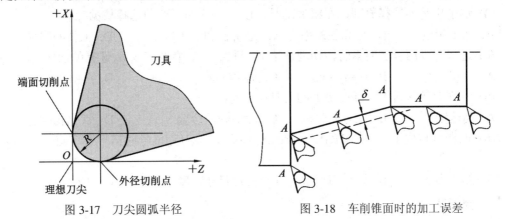

图 3-17　刀尖圆弧半径　　　　　图 3-18　车削锥面时的加工误差

刀具补偿指令及刀具半径补偿的执行过程在后续有关章节中讲述。

3.3　拓 展 训 练

1. 到实习工厂或数控加工实训室进行实训，熟悉数控车刀的结构特点及其分类，掌握数控车刀机夹可转位刀片的选择方法。

2. 到数控仿真实训室，用 VNUC 仿真软件对设置工件零点的几种方法进行数控仿真模拟训练。

3. 试分析图 3-19 所示的轴类零件数控车削加工工艺过程。其材料为 45 钢，毛坯为棒料，小批量生产。

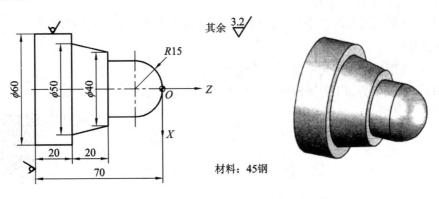

图 3-19　拓展训练零件图

✦✦✦　自　测　题　✦✦✦

1. 选择题

(1) 数控车床的四爪卡盘属于(　　)。

A. 通用夹具　　　　　B. 专用夹具　　　　　C. 组合夹具　　　　D. 成组夹具

(2) 切削速度的选择，主要取决于(　　)。

A. 工件余量　　　　B. 刀具材料　　　　C. 刀具耐用度　　　　D. 工件材料

(3) 切削用量的选择原则，在粗加工时，以(　　)作为主要的选择依据。

A. 加工精度　　　　B. 提高生产率　　　C. 经济性和加工成本　　　D. 工件的强度

(4) 选择切削用量三要素时，切削速度 v、进给量 f、背吃刀量 a_p 选择的次序为(　　)。

A. $v \rightarrow f \rightarrow a_p$　　B. $f \rightarrow a_p \rightarrow v$　　C. $a_p \rightarrow f \rightarrow v$　　D. $f \rightarrow v \rightarrow a_p$

(5) 下列刀具材料中，硬度最大的刀具材料是(　　)。

A. 高速钢　　　　B. 立方氮化硼　　　C. 涂层硬质合金　　　　D. 氧化物陶瓷

(6) 机夹可转位刀片"TBHG120408EL—CF"，其刀片代号的第一个字母"T"表示(　　)。

A. 刀片形状　　　B. 切削刃形状　　　C. 刀片尺寸精度　　　　D. 刀尖角度

2. 判断题

(　　)(1) 精加工时，进给量是按表面粗糙度的要求选择的，表面粗糙度要求较高时，应选择较小的进给量。

(　　)(2) 硬质合金是一种耐磨性好、耐热性高、抗弯强度和冲击韧性都较高的刀具材料。

(　　)(3) 划分加工阶段，有利于合理利用设备并提高生产率。

(　　)(4) 所有零件的机械加工都要经过粗加工、半精加工、精加工和光整加工四个加工阶段。

(　　)(5) 数控加工中，采用加工路线最短的原则确定走刀路线既可以减少空刀时间，还可以减少程序段。

(　　)(6) 车刀按刀尖形状分为尖形车刀、圆弧形车刀和成形车刀三类。通常情况下，我们将螺纹车刀归为成形车刀。

(　　)(7)软爪在使用前可进行自镗加工，以保证卡爪中心与主轴中心重合。

3. 简答题

(1) 数控车削加工工序划分的方法有哪几种？

(2) 制订数控车削加工方案时应遵循的基本原则是什么？

自测题答案

项目 4　阶梯轴类零件的编程与加工

典型案例：在 FANUC 0i Mate 数控车床上加工如图 4-1 所示的零件，设毛坯是 $\phi 40$ mm × 80 mm 的棒料，材料为 45 钢。

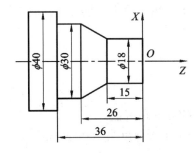

图 4-1　典型案例零件图

4.1　技能要求

(1) 掌握 FANUC 0i Mate 数控系统中刀具功能 T 指令、快速定位指令(G00)、直线插补指令(G01)、内(外)径车削单一固定循环指令(G90)、端面车削单一固定循环指令(G94)的应用。

(2) 了解数控车床加工简单轴类零件的特点，并能够正确地对简单轴类零件进行数控车削工艺分析。

(3) 通过对简单轴类零件的加工，掌握数控车床的编程技巧。

4.2　知识学习

4.2.1　主轴转速功能设定(G96、G97、G50)

主轴转速功能指令由地址符 S 和其后面的若干数字组成，单位为 r/min、m/min，用于具有主轴无级调速功能的数控机床。

例如，"S1000"表示主轴的转速为 1000 r/min。

主轴转速功能包括恒表面切削速度控制、恒转速控制和主轴最高转速限制等。

1. 恒表面切削速度控制指令(G96)

恒表面切削速度控制指令用于设定主轴恒表面切削速度。

格式：

G96　S__；

说明：

(1) S 的单位为 m/min。

(2) 在切削过程中，如果主轴的转速始终保持不变，则随着加工零件的直径逐渐减小，切削速度也将随之变小，从而会影响切削质量。采用此指令可使选择的最佳切削速度保持不变。

例如，"G96　S120"表示主轴的转速为 120 m/min。

2. 恒表面切削速度控制取消指令(G97)

恒表面切削速度控制取消指令用于设定主轴转速并取消恒表面切削速度。

格式：

G97　S__；

说明：

(1) S 的单位为 r/min。

(2) 若 S 未指定，则保留 G96 的最终值。

例如，"G97　S1000"表示主轴速度为 1000 r/min。

3. 主轴最高转速限制指令(G50)

格式：

G50　S__；

说明：

(1) S 为主轴最高转速，单位为 r/min。

(2) 当使用 G96 指令进行恒线速度切削时，工件直径的变化会导致主轴转速不断变化。G50 指令可以限制执行恒线速度指令时的最大主轴转速，从而防止主轴转速过高、离心力过大时产生危险。G50 和 G96 常配合使用。

例如，设定主轴的转速程序如下：

G96　S100；　　　(线速度恒定，切削速度为 100 m/min)

G50　S2000；　　　(设定主轴的最高转速为 2000 r/min)

G97　S500；　　　(取消线速度恒定功能，主轴的转速为 500 r/min)

4.2.2　进给功能设定(G98、G99)

进给功能也称 F 功能，用来指定刀具相对于工件运动的速度或螺纹的导程。F 功能由地址符 F 加数字表示，数字表示进给速度的大小。在数控车削中有两种切削进给模式设置方法，即进给速度(每分钟进给模式)和进给率(每转进给模式)。

1. 每分钟进给量 G98(模态指令)

格式：

G98　F__；

说明：

(1) F 的单位为 mm/min。

(2) 指定 G98 后，在 F 后用数值直接指定刀具每分钟的进给量，如图 4-2 所示。

2. 每转进给量 G99(模态指令)

格式：

    G99   F__;

说明：

(1) F 的单位为 mm/r。

(2) 指定 G99 后，在 F 后用数值直接指定刀具每转的进给量，G99 为数控系统的初始状态，如图 4-3 所示。

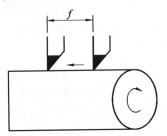

图 4-2　G98 进给量(mm/min)

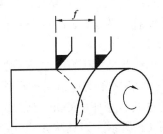

图 4-3　G99 进给量(mm/r)

4.2.3　刀具功能——T 指令

刀具功能也称为 T 功能或 T 指令。在能自动换刀的数控机床中，该指令用来选择所需的刀具，也用来选择刀具的长度补偿和刀具半径补偿。

格式：

    T __ __ __ __;

说明：

(1) 地址符 T 后接四位数字，前两位表示刀具号(00～99)，如图 4-4 所示，后两位表示刀具补偿号，如图 4-5 所示。

例如，"T0101"表示选用 1 号刀具和 1 号刀具长度补偿量及刀尖圆弧补偿值；"T0200"表示选用 2 号刀具，取消刀具补偿。

(2) 刀具号与刀具补偿号不必相同，为方便起见也可一致。刀具补偿值一般作为参数设定并由手动输入(MDI)方式输入数控装置。

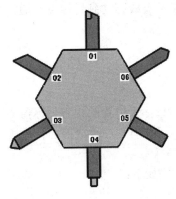

图 4-4　刀具号

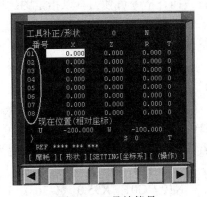

图 4-5　刀具补偿号

4.2.4 快速定位指令(G00)

快速定位指令可使刀具以定位控制方式，从刀具所在点快速移动到目标点，通常用来接近工件或退刀。

格式：

    G00　X(U)___　Z(W)___;

说明：

(1) X、Z 表示目标点位置的绝对坐标值；U、W 表示目标点位置的相对坐标值。

(2) X(U)值按直径值输入。当采用绝对坐标编程时，数控系统在接受 G00 指令后，刀具将移至坐标值为 X、Z 的点上；当采用相对坐标编程时，刀具将移至距当前点距离为 U、W 值的点上。

(3) 机床快速移动的速度不需要指定，由生产厂家确定。

(4) X 轴和 Z 轴的进给速率不同，因此机床执行快速运动指令时两轴的合成运动轨迹不一定是直线。在使用 G00 指令时，一定要特别注意避免刀具和工件及夹具发生碰撞。

如图 4-6 所示，刀具从 A 点运动到 B 点，程序如下：

    N10　G00　X40.0　Z56.0;　　　　*(刀具从 A 点快速定位运动到 B 点)*

或写成

    N10　G00　U–60.0　W–30.5;

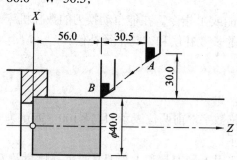

图 4-6　快速定位指令(G00)示例

4.2.5 直线插补指令(G01)

直线插补指令可使刀具以指定的进给速度，从当前点沿直线移动到目标点，通常为直线或斜线运动。

格式：

    G01　X(U)___　Z(W)___　F___;

说明：

(1) X、Z 表示目标点位置的绝对坐标值；U、W 表示目标点位置的相对坐标值。

(2) F 表示刀具直线插补的进给速度。F 为续效指令，可在本程序段或前面程序段中指定。若程序中未设定 F 值，则进给速度为零。

例如，如图 4-7 所示，刀具切削路线为 A→B→C，程序如下：

    N10　G01　X95.0　Z–70.0　F100;

N15　X160.0　Z–130.0　F100;

或写成

N10　G01　W–70.0　F100;

N15　U65　W–60.0　F100;

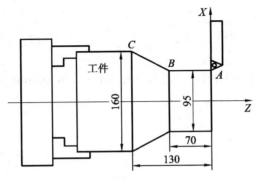

图 4-7　直线插补指令(G01)示例

4.2.6　暂停指令(G04)

暂停指令可以推迟下个程序段的执行，使刀具作短时间的无进给光整加工。

格式：

　　G04　X__;　　或　　G04　P__;

说明：

(1) X、P 后跟暂停时间。X 后跟的值为带小数点的数，单位是 s(秒)；P 后跟的值为整数，单位是 ms(毫秒)。

(2) 钻孔或切槽加工时到达孔(槽)底时，用 G04 可以进行光整加工，保证加工质量；钻孔加工中途退刀后用 G04 可以保证孔中的切屑充分排出。

例如，加工如图 4-8 所示的切槽，为了使槽底光滑，要求刀具在槽底停留 3 s，且 X 向退刀 15 mm。用 G00、G01、G04 编写程序如下：

　　⋮

N10　G00　X85.0　Z–40.0;　　(快速接近零件)

N15　G01　X40.0　F0.2;　　(直线进给切槽)

N20　G04　X3.0;　　(刀具在槽底停留 3 s)

N25　G00　X70.0;　　(X 向退刀)

　　⋮

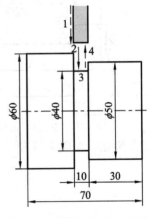

图 4-8　暂停指令(G04)示例

4.2.7　单一外形固定循环指令(G90、G94)

车削加工余量较大的表面时，需要多次进刀才能车去全部的加工余量。为了简化编程，数控车床的控制系统提供了一些不同形式的固定循环指令，大体分为单一外形固定循环指令和复合固定循环指令。其中，单一外形固定循环指令又包括内(外)径车削单一固定循环指令和端面车削单一固定循环指令等。

1. 内(外)径车削单一固定循环指令(G90)

内(外)径车削单一固定循环指令用于轴类零件的内(外)圆柱面(如图 4-9 所示)和圆锥面(如图 4-10 所示)的切削循环。

1) 圆柱面切削循环指令

格式：

    G90　X(U)__　Z(W)__　F__；

说明：

(1) X、Z 表示圆柱面切削终点的绝对坐标值；U、W 表示圆柱面切削终点相对于循环起点的坐标分量。

(2) F 表示进给速度。

2) 圆锥面切削循环指令

格式：

    G90　X(U)__　Z(W)__　R__　F__；

说明：

(1) X、Z 表示圆锥面切削终点的绝对坐标值；U、W 表示圆锥面切削终点相对于循环起点的坐标分量。

(2) R 表示圆锥面切削起点相对于切削终点的半径差。

(3) F 表示进给速度。

图 4-9 和图 4-10 中"(R)"表示快速移动，"(F)"表示切削进给，加工顺序按 1、2、3、4 进行。

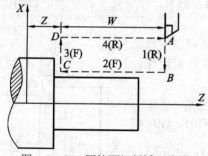

图 4-9　G90 圆柱面切削循环路线

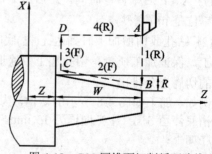

图 4-10　G90 圆锥面切削循环路线

例如，如图 4-11 所示的零件，毛坯为 $\phi45$ mm × 80 mm 的棒料，加工程序见表 4-1。

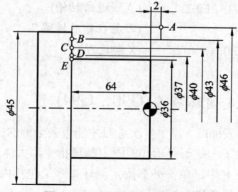

图 4-11　G90 圆柱面切削示例

表 4-1　用 G90 编写的圆柱面数控加工程序

程　序	说　明
O0401；	程序名
N010　T0101；	选用 1 号刀具、1 号刀补
N020　G98　M03　S800；	使用每分钟进给，并设定主轴转速
N030　G00　X46.0　Z2.0；	刀具移动到循环起点
N050　G90　X43.0　Z–64.0　F50；	圆柱面切削循环，第一次车削深度 1 mm
N060　X40.0；	第二次车削深度 1.5 mm
N070　X37.0；	第三次车削深度 1.5 mm
N080　X36.0　S1200　F30；	精加工，切削到规定尺寸，改变切削用量
N090　G00　X100.0　Z50.0；	退刀到安全位置
N100　M05；	主轴停转
N110　M30；	程序结束

注意：循环起点的选择应在靠近毛坯外圆表面及端面交点附近，循环起点离毛坯太远会增加走刀路线，影响加工效率。

例如，如图 4-12 所示的零件，毛坯为 ϕ50 mm × 55 mm 的棒料，加工程序见表 4-2。

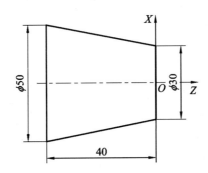

图 4-12　G90 圆锥面切削示例

表 4-2　用 G90 编写的圆锥面数控加工程序

程　序	说　明
O0402；	程序名
N010　T0101；	选用 1 号刀具、1 号刀补
N020　G98　M03　S800；	使用每分钟进给，并设定主轴转速
N030　G00　X51.0　Z0；	刀具移动到循环起点
N050　G90　X66.0　Z–40.0　R–10.0　F50；	圆锥面切削循环，第一次车削深度 2 mm
N060　X60.0；	第二次车削深度 3 mm
N070　X54.0；	第三次车削深度 3 mm
N080　X50.0　S1200　F30；	精加工，切削到规定尺寸，改变切削用量
N090　G00　X100.0　Z50.0；	退刀到安全位置
N100　M05；	主轴停转
N110　M30；	程序结束

2. 端面车削单一固定循环指令(G94)

端面车削单一固定循环指令用于轴类零件的直端面和锥台阶的切削循环，如图 4-13 和图 4-14 所示。各地址代码的意义和 G90 相同。

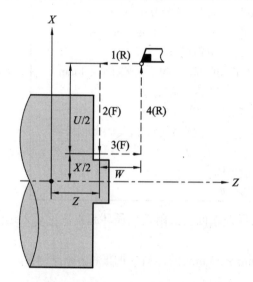

图 4-13　G94 直端面切削循环路线

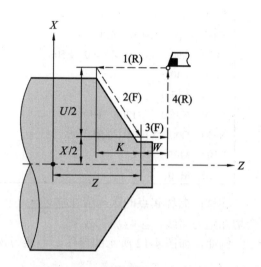

图 4-14　G94 锥台阶切削循环路线

格式：

　　　G94　X(U)__　Z(W)__　R__　F__;

说明：

(1) X、Z 表示端面切削终点的绝对坐标值；U、W 表示端面切削终点相对于循环起点的坐标分量(有正负之分)。

(2) R 表示端面切削起点相对于切削终点在 Z 轴方向上的坐标增量。

(3) F 表示进给速度。

例如，如图 4-15 所示的零件，毛坯为 $\phi 60$ mm 的棒料，加工程序见表 4-3。

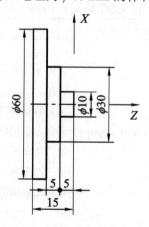

图 4-15　G94 直端面切削示例

表 4-3　用 G94 编写的直端面数控加工程序

程　　序	说　　明
O0403;	程序名
N010　T0101;	选用 1 号刀具、1 号刀补
N020　G98　M03　S800;	使用每分钟进给，并设定主轴转速
N030　G00　X62.0　Z2.0;	刀具移动到循环起点
N050　G94　X10.0　Z-3.0　F50;	ϕ10 mm 端面切削循环，第一次车削深度 3 mm
N060　Z-5.0;	第二次车削深度 2 mm
N070　X30.0　Z-8.0;	ϕ30 mm 端面切削循环，第一次车削深度 3 mm
N080　Z-10.0;	第二次车削深度 2 mm
N090　G00　X100.0　Z50.0;	退刀到安全位置
N100　M05;	主轴停转
N110　M30;	程序结束

例如，如图 4-16 所示的零件，毛坯为 ϕ60 mm 的棒料，加工程序见表 4-4。

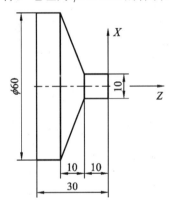

图 4-16　G94 锥台阶面切削示例

表 4-4　用 G94 编写的锥台阶数控加工程序

程　　序	说　　明
O0404;	程序名
N010　T0101;	选用 1 号刀具、1 号刀补
N020　G99　M03　S500;	使用每转进给，并设定主轴转速
N030　G00　X62.0　Z2.0;	刀具移动到循环起点
N050　G94　X10.0　Z-2.0　R-10.0　F0.3;	ϕ10 mm 端面切削循环，第一次车削深度 2 mm
N060　Z-5.0;	第二次车削深度 3 mm
N070　Z-8.0;	第三次车削深度 3 mm
N080　Z-10.0　F0.1;	第四次车削深度 2 mm，改变切削用量
N090　G00　X100.0　Z50.0;	退刀到安全位置
N100　M05;	主轴停转
N110　M30;	程序结束

4.3 工艺分析

4.3.1 零件工艺分析

1. 零件工艺分析

图 4-1 所示典型案例零件由圆柱、圆锥表面组成，尺寸标注完整，轮廓描述清楚。零件材料为 45 钢，无热处理和硬度要求。

工件加工需确定左端依次加工完成，并保证总长尺寸。如图 4-17 所示，以毛坯轴线为定位基准，使用三爪自定心夹紧的装夹方式。如图 4-18 所示，加工工件时使用 O_1 为坐标原点。

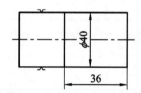

图 4-17　装夹方式示意图

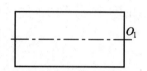

图 4-18　编程原点示意图

2. 加工方案

(1) 车端面。

(2) 粗车 $\phi30$ mm 外圆柱面。

(3) 粗车圆锥面及 $\phi18$ mm 外圆柱面。

(4) 精车外圆表面。

4.3.2 工艺方案

1. 刀具的选择

根据加工要求，选用的刀具见表 4-5。

表 4-5　刀具选择表

产品名称或代号		课内实训样件	零件名称	阶梯轴零件	零件图号		4-1
序　号	刀具号	刀具名称	数　量	加工表面	刀具半径R/mm	刀具补偿号	备注
1	T01	90°外圆车刀	1	粗车外圆表面	0.4	01	
2	T02	35°外圆车刀	1	精车外圆表面	0.2	02	
编　制		审　核		批　准		共1页	第1页

2. 切削用量的选择

根据加工要求，切削用量的选择见表 4-6。

表 4-6　切削用量表

单位名称	××××××	产品名称或代号		零件名称	零件图号
		课内实训样件		阶梯轴零件	4-1
工序号	程序编号	夹具名称	使用设备	数控系统	场　地
004	O0405	三爪卡盘	数控车床 CKA6140	FANUC 0i Mate	数控实训中心 机房、车间
工步号	工步内容		刀具号	刀具规格 /mm	主轴转速 $n/(\text{r/min})$	进给量 $f/(\text{mm/r})$	背吃刀量 /mm	备　注

工步号	工步内容	刀具号	刀具规格 /mm	主轴转速 $n/(\text{r/min})$	进给量 $f/(\text{mm/r})$	背吃刀量 /mm	备　注
01	粗车 $\phi30$ mm外圆柱面	T0101		500	0.2	1.5	
02	粗车圆锥面及 $\phi18$ mm外圆柱面	T0101		500	0.2	2	
03	精车外圆表面	T0202		1000	0.1	0.2	
编　制		审　核		批　准		共1页	第1页

4.4　程序编制

图 4-1 所示典型案例零件的数控加工程序见表 4-7。

表 4-7　数控加工程序

程　序	说　明
O0405;	加工程序名
N2　G90　G54　G98　G00　X100.0　Z100.0;	建立工件坐标系
N4　T0101;	换 1 号刀，调用 01 号偏置
N6　M03　S500;	主轴正转，转速为 500 r/min
N8　G00　X42.0　Z2.0;	确定循环起点
N10　G90　X36.0　Z-36.0　F100;	粗车 $\phi30$ mm外圆柱面，留 0.2 mm 加工余量
N12　X33.0;	
N14　X30.2;	
N16　X26.0　Z-15.0;	粗车 $\phi18$ mm外圆柱面，留 0.2 mm 加工余量
N18　X22.0;	
N20　X18.2;	
N22　G00　X38.0　Z-15.0;	
N24　G90　X38.0　Z-26.0　R-6.0　F100;	
N26　X34.0;	
N28　X30.2;	
N30　G00　X100.0　Z100.0;	
N32　M05;	主轴停止

仿真加工视频

程　　序	说　　明
N34　T0202;	换 2 号刀，调用 02 号偏置
N36　M03　S1000;	主轴正转，转速为 1000 r/min
N40　G00　X18.0　Z2.0;	
N44　G01　X18.0　Z-15.0　F80;	精车外圆表面，更换切削用量
N46　X30.0　W-9.0;	
N48　Z-36.0;	
N50　X42.0;	
N52　G00　X100.0　Z100.0;	退刀到安全位置
N54　M05;	主轴停转
N56　M30;	程序结束

4.5　拓 展 训 练

在 FANUC 0i Mate 数控车床上加工如图 4-19 所示的零件，设毛坯是 ϕ40 mm 的棒料，材料为 45 钢，编制数控加工程序并完成零件的加工。

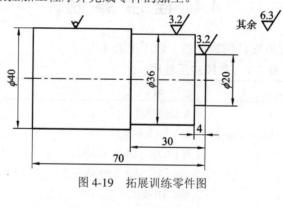

图 4-19　拓展训练零件图

◆◆◆ 自 测 题 ◆◆◆

1. 选择题

(1) 进给功能 F 后的数字不可能表示(　　)。

A. 每分钟进给量　　　　　B. 每秒进给量　　　　C. 每转进给量

(2) 数控车床中，转速功能字 S 可指定(　　)。

A. mm/r　　　　　　　　B. r/min　　　　　　　C. mm/min

(3) G04 在数控系统中代表(　　)。

A. 暂停　　　　　　　　B. 快速移动　　　　　　C. 外圆循环

(4) 数控车床中，用(　　)指令进行恒线速控制。

A. G50　S＿;　　　　　B. G96　S＿;　　　　　C. G98　S＿;

(5) 数控车床中，可以联动的两个轴是( )。

A. Y、Z   B. X、Z   C. X、Y

2．判断题

( )(1) "T1001"是刀具选择机能，为选择一号刀具和一号补正。

( )(2) G00 不能用于进给加工。

( )(3) G90 的功能为封闭的直线切削和锥形切削循环。

( )(4) G94 中 R 表示端面切削起点相对于切削终点在 X 轴方向上的坐标增量。

3．编程题

已知毛坯为 $\phi 40$ mm 的棒料，材料为 45 钢，编制如图 4-20 所示零件的加工程序。

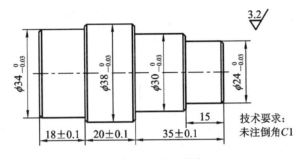

图 4-20 编程题图

自测题答案

项目 5　成形面类零件的编程与加工

典型案例：在 FANUC 0i Mate 数控车床上加工如图 5-1 所示的零件，设毛坯是 $\phi 55$ mm 的棒料，材料为 45 钢。

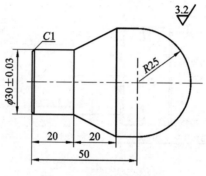

图 5-1　典型案例零件图

5.1　技　能　要　求

(1) 掌握 FANUC 0i Mate 数控系统的圆弧插补指令(G02、G03)和刀具半径补偿指令(G41、G42、G40)的应用；理解刀具补偿的意义。

(2) 了解数控车床加工较为复杂的轴类零件特点，并能够正确地对零件进行数控车削工艺分析。

(3) 通过对带圆弧段轴类零件的加工，掌握数控车床的编程技巧。

5.2　知　识　学　习

5.2.1　圆弧插补指令(G02、G03)

圆弧插补指令可使刀具在指定的平面内，按给定的进给速度从圆弧的起点沿圆弧移动到圆弧的终点，切削出以圆弧曲线为母线的回转体。顺时针圆弧插补用 G02 指令，逆时针圆弧插补用 G03 指令。

格式：

G02(G03)　X(U)__　Z(W)__　I__　K__　F__；

G02(G03)　X(U)__　Z(W)__　R__　F__;

说明：

(1) G02 表示顺时针圆弧插补；G03 表示逆时针圆弧插补。

(2) X、Z 是圆弧终点的绝对坐标值；U、W 是圆弧终点相对于圆弧起点的坐标增量值。

(3) I、K 是圆弧圆心相对于圆弧起点在 X、Z 方向上的坐标增量值。无论程序是绝对值编程还是增量方式编程，I、K 始终为增量值。

(4) R 是圆弧半径。当圆心角大于 180°时，R 取负值；当圆心角小于 180°时，R 取正值。

(5) F 是进给速度。

(6) 圆弧方向的判断：首先需要根据右手定则为工件坐标系加上 Y 轴，然后沿着 Y 轴的正方向向负方向看，顺时针方向用 G02 指令，逆时针方向用 G03 指令，如图 5-2 所示。

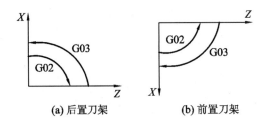

图 5-2　圆弧方向的判断

由图 5-2 可以看出，数控车床刀架位置不同，使得 X 正方向不同，因此 Y 方向也相反了，进而决定了前置刀架和后置刀架的圆弧顺逆方向判别是不同的，即：

后置刀架：顺圆为 G02(CW)，逆圆为 G03(CCW)；

前置刀架：顺圆为 G03(CW)，逆圆为 G02(CCW)。

(7) G02、G03 用半径指定圆心位置时，不能描述整圆。如果要用指令描述整圆，则只能使用分矢量编程，同时终点坐标可以省略不写，如"G02(G03)　I__　K__;"，但在数控车床中，由于刀具结构的原因，圆心角一般不超过 180°。

例如，如图 5-3 所示零件，选择内孔为 $\phi 26$ mm、外形尺寸为 $\phi 50$ mm×100 mm 的毛坯棒料，将内孔车刀作为孔加工刀具，编程原点在右端面中心。用 G02 编写的内孔数控加工程序见表 5-1。

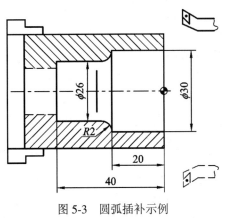

图 5-3　圆弧插补示例

表 5-1 用 G02 编写的内孔数控加工程序

程 序	说 明
O0501;	程序名
N010 T0101;	
N020 M03 S400;	
N030 G00 X30.0 Z3.0;	
N050 G01 Z–20.0 F50;	加工 $\phi30$ mm 的内孔
N060 G02 X26.0 Z–22.0 R2;	加工 R2 mm 的圆弧
N070 G01 Z–40.0;	加工 $\phi26$ mm 的内孔
N080 X24.0;	平孔底
N090 G00 Z50.0;	Z 向退刀
N100 X100.0;	X 向退刀
N110 M05;	
N120 M30;	程序结束

5.2.2 刀具半径补偿指令(G41、G42、G40)

在实际加工中刀具的刀尖有一定的半径值,而在编程中,一般是按假想刀尖 A 来进行编程,当用按理论刀尖点编出的程序进行端面、外径、内径等与轴线平行或垂直的表面加工时,是不会产生误差的。但在进行倒角、锥面及圆弧切削时,由于刀尖圆弧 R 的存在,实际车出的工件形状就会和零件图样上的尺寸不重合。若工件要求很高,就要考虑刀尖圆弧半径对工件表面形状的影响。

1. 刀具半径补偿指令

刀具半径补偿指令包括刀具半径左补偿指令(G41)、刀具半径右补偿指令(G42)和取消刀具半径补偿指令(G40)。

格式:

    G41 G01(G00) X__ Z__ D__;

    G42 G01(G00) X__ Z__ D__;

    G40 G01(G00) X__ Z__;

说明:

(1) X、Z 表示建立或取消刀具补偿程序段中刀具移动的终点坐标。

(2) D 表示存储刀具补偿值的寄存器号。

(3) 补偿方向的判别:从垂直于加工平面坐标轴的正方向朝负方向看过去,沿着刀具运动方向(假定工件不动)看,刀具位于工件左侧的补偿称为左刀补,用 G41 指令表示;刀具位于工件右侧的补偿称为右刀补,用 G42 指令表示,如图 5-4 和图 5-5 所示。

(4) G40、G41、G42 指令只能和 G00、G01 结合使用,不允许与圆弧指令等其他指令结合使用。

(5) 在编写 G40、G41、G42 的 G00、G01 前后两个程序段中,X、Z 至少有一个值变化。

(6) 在调用新刀具前必须用 G40 取消补偿,并且在使用 G40 之前刀具必须离开工件加工表面。

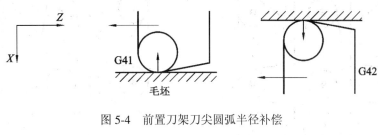

图 5-4　前置刀架刀尖圆弧半径补偿

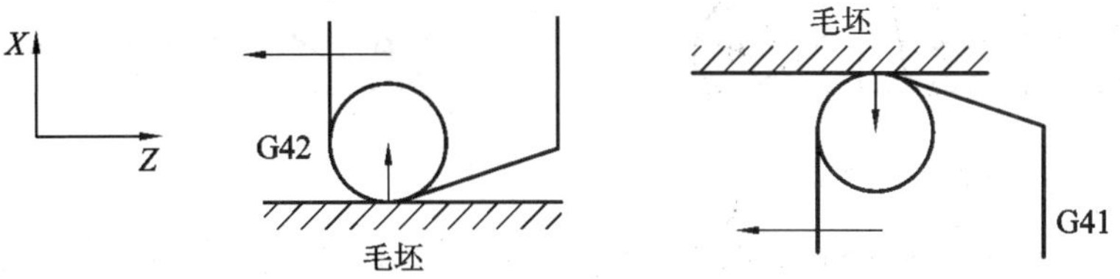

图 5-5　后置刀架刀尖圆弧半径补偿

2. 刀具半径补偿的执行过程

刀具半径补偿的过程分为以下三步：

(1) 刀具半径补偿的建立，即使刀具中心从与编程轨迹重合过渡到与编程轨迹偏离一个刀尖圆弧半径的过程(偏移量必须在一个程序段的执行过程中完成，并且不能省略)，如图 5-6 所示。

(2) 刀具半径补偿的执行，即执行有 G41 或 G42 的程序段后，刀具中心始终与编程轨迹相距一个偏移量(G41、G42 不能重复使用)。

(3) 刀具半径补偿的取消，即刀具离开工件，刀具中心轨迹过渡到与编程轨迹重合的过程，如图 5-7 所示。

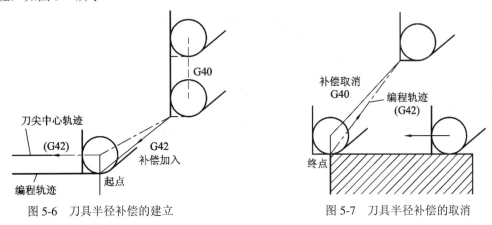

图 5-6　刀具半径补偿的建立　　　　　图 5-7　刀具半径补偿的取消

3. 刀尖方位号

刀具的补偿包括偏置量 X、Z，刀具半径补偿值 R 和刀尖方位号 T。如果刀具的刀尖形状和切削时所处的位置不同，则刀具的补偿量和补偿方向也不同，因此假想刀尖的方位必须同偏置量一起提前设定。刀尖方位号共有 9 种，分别用 0～8 表示，如图 5-8 和图 5-9 所示。当刀位点取刀尖圆弧半径中心时，刀尖方位号取 0，也可以说是无半径补偿。

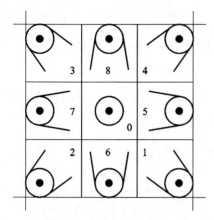

图 5-8 前置刀架刀位号

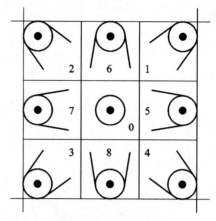

图 5-9 后置刀架刀位号

例如，用刀尖半径为 0.8 mm 的车刀精加工如图 5-10 所示的外径，加工程序见表 5-2。

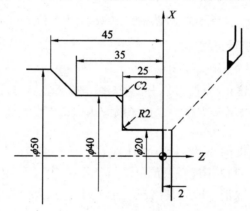

图 5-10 刀具半径补偿示例

表 5-2 用 G40/G42 编写的数控加工程序

程　　序	说　　明
O0502;	程序名
N2　G00　G40　G97　G99　M03　S800　T0101;	设置转速，选择刀具
N6　G00　X20.0　Z2.0;	
N8　G42　G01　Z1　F0.15;	建立刀补
N10　Z–23.0;	车 ϕ20 mm 外圆
N12　G02　X24.0　Z–25.0　R2;	车 R2 mm 圆弧
N14　G01　X36.0;	
N16　X40.0　Z–27.0;	车 C2 mm 倒角
N18　Z–35.0;	车 ϕ40 mm 外圆
N20　X50.0　Z–45.0;	车左端斜面
N22　Z–48.0;	车 ϕ50 mm 外圆
N24　G40　G00　X52.0　Z3.0;	取消刀补
N28　M30;	程序结束

5.3 工艺分析

5.3.1 零件工艺分析

图 5-11 所示零件左端为锥面阶梯轴，右端为圆弧面，阶梯轴一端为圆柱阶台，另一端为带锥度的阶梯轴。工件用三爪自定心卡盘装夹，先加工左端，掉头后用划线盘校正，再加工右端。根据工件坐标系建立原则，两次装夹加工时都将工件坐标系原点设定在其装夹后的工件右端面轴线上。

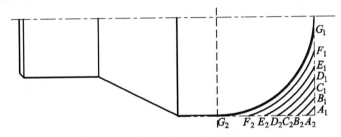

图 5-11　圆弧面粗加工路线图

粗加工锥面时，采用变锥度法编程。右端圆弧面采用同心圆弧法加工。同心圆弧法指的是采用一系列圆心相同而半径不同的圆弧编写粗车程序的方法。粗车各同心圆的基点坐标及半径见表 5-3。

表 5-3　粗加工各圆弧参数

圆弧	端点坐标$(Z，X)$	圆弧半径
A_1A_2	$A_1(0，46.087)$、$A_2(-2.231，50.5)$	34
B_1B_2	$B_1(0，41.533)$、$B_2(-4.538，50.5)$	32.5
C_1C_2	$C_1(0，36.661)$、$C_2(-7.016，50.5)$	31
D_1D_2	$D_1(0，31.321)$、$D_2(-9.746，50.5)$	29.5
E_1E_2	$E_1(0，25.219)$、$E_2(-12.899，50.5)$	28
F_1F_2	$F_1(0，17.578)$、$F_2(-16.957，50.5)$	26.5
G_1G_2	$G_1(0，7.089)$、$G_2(-25.0，50.5)$	25.25

5.3.2 工艺方案

1. 刀具的选择

该零件需要加工外圆面、圆弧面和端面，因此，采用外圆车刀和端面车刀完成该零件的加工。

根据加工要求，选用的刀具见表 5-4。

表 5-4　刀具选择表

产品名称或代号		课内实训样件	零件名称	成形面典型零件	零件图号		5-1	
序　号	刀具号	刀具名称	数　量	加工表面	刀具半径R/mm		刀具补偿号	备　注
1	T01	95°外圆车刀	1	粗、精车各表面	0.4		01	
2	T02	端面车刀	1	车端面	0.4		02	
编　制		审　核		批　准			共1页	第1页

2. 切削用量的选择

零件加工材料为 45 钢，硬度较高，切削力较大，切削速度应选择低些。根据加工要求，切削用量的选择见表 5-5。

表 5-5　切削用量表

单位名称	××××××		产品名称或代号		零件名称		零件图号	
			课内实训样件		成形面典型零件		5-1	
工序号	程序编号	夹具名称	使用设备		数控系统		场　地	
005	O0503 O0504	三爪卡盘	数控车床 CKA6140		FANUC 0i Mate		数控实训中心 机房、车间	
工步号	工步内容		刀具号	刀具规格 /mm	主轴转速 n/(r/min)	进给量 f /(mm/r)	背吃刀量 /mm	备注
01	车端面		T0202		500	0.2	1～2	
02	粗车 ϕ30 mm外圆面及圆锥面，留0.5 mm精车余量		T0101		500	0.2	1～2	
03	精车 ϕ30 mm外圆面和圆锥面		T0101		800	0.1	0.25	
04	掉头，手动车削端面，保证总长		T0202		500	0.2	1～2	
05	粗车 R25 mm圆弧面和 ϕ50 mm外圆面，留0.5 mm精车余量		T0101		500	0.2	1～2	
06	精车 R25 mm圆弧面和 ϕ50 mm外圆面		T0101		800	0.1	0.25	
编　制		审　核		批　准			共1页	第1页

5.4 程 序 编 制

图 5-1 所示典型案例零件的数控加工程序见表 5-6 和表 5-7。

表 5-6 数控加工程序(左端)

程　　序	说　　明
O0503;	程序名(左端)
N020　T0101;	调用外圆车刀
N030　M03　S500;	粗加工 ϕ30 mm 外圆面和圆锥面
N040　G00　G99　X56.0　Z1.0;	
N050　G90　X52.0　Z–43.0　F0.2;	
N060　X48.0　Z–20.0;	
N070　X45.0;	
N080　X42.0;	
N090　X39.0;	
N100　X36.0;	
N110　X33.0;	
N120　X30.5;	
N130　G01　Z–19.0;	粗加工圆锥面定位
N140　G90　X51.5　Z–41.0　R–2.0;	粗加工圆锥面第一次走刀
N150　X51.5　Z–41.0　R–4.0;	粗加工圆锥面第二次走刀
N160　X51.5　Z–41.0　R–6.0;	粗加工圆锥面第三次走刀
N170　X51.5　Z–41.0　R–8.0;	粗加工圆锥面第四次走刀
N180　X51.5　Z–41.0　R–10.0;	粗加工圆锥面第五次走刀
N190　G00　Z1.0;	
N200　X26.0　S800;	精加工 ϕ30 mm 外圆面和圆锥面
N210　G01　X30.0　Z–1.0　F0.1;	
N220　Z–20.0;	
N230　X51.0　Z–41.0;	
N240　G00　X100.0;	
N250　Z100.0;	
N260　M30;	程序结束

仿真加工视频(左端)

表 5-7 数控加工程序(右端)

程　　序	说　　明
O0504;	程序名 (右端)
N010　T0101;	调用外圆车刀
N020　M03　S500;	粗加工外圆面及圆弧面
N030　G00　G99　X56.0　Z1.0;	
N040　G90　X52.0　Z−40.0　F0.2;	粗车外圆面
N050　X50.5;	
N060　G00　X46.087;	
N070　G01　Z0　F0.2;	定位到 A_1 点
N080　G03　X50.5　Z−2.231　R34.0;	粗车圆弧到 A_2 点
N090　G01　X52.0;	
N100　G00　Z1.0;	
N110　X41.533;	
N120　G01　Z0;	定位到 B_1 点
N130　G03　X50.5　Z−4.538　R32.5;	粗车圆弧到 B_2 点
N140　G01　X52.0;	
N150　G00　Z1.0;	
N160　X36.661;	
N170　G01　Z0;	定位到 C_1 点
N180　G03　X50.5　Z−7.016　R31.0;	粗车圆弧到 C_2 点
N190　G01　X52.0;	
N200　G00　Z1.0;	
N210　X31.321;	
N220　G01　Z0;	定位到 D_1 点
N230　G03　X50.5　Z−9.746　R29.5;	粗车圆弧到 D_2 点
N240　G01　X52.0;	
N250　G00　Z1.0;	
N260　X25.219;	
N270　G01　Z0;	定位到 E_1 点
N280　G03　X50.5　Z−12.899　R28.0;	粗车圆弧到 E_2 点
N290　G01　X52.0;	
N300　G00　Z1.0;	
N310　X17.578;	
N320　G01　Z0;	定位到 F_1 点
N330　G03　X50.5　Z−16.957　R26.5;	粗车圆弧到 F_2 点
N340　G01　X52.0;	
N350　G00　Z1.0;	

仿真加工视频(右端)

程 序	说 明
N360　X7.089;	
N370　G01　Z0;	定位到 G_1 点
N380　G03　X50.5　Z−25.0　R25.25;	粗车圆弧到 G_2 点
N390　G01　X52.0;	
N400　G00　Z3.0　S800;	精加工右端圆弧面
N410　G42　X−2.0;	
N420　G01　Z1.0　F0.1;	
N430　G02　X0　Z0　R1.0;	
N440　G03　X50.0　Z−25.0　R25.0;	精车圆弧面
N450　G01　Z−40.0;	
N460　G40　X55.0;	
N470　G00　X100.0;	
N480　Z100.0;	
N490　M30;	程序结束

5.5 拓 展 训 练

在 FANUC 0i Mate 数控车床上使用圆弧插补指令和刀具半径补偿指令加工如图 5-12 所示的零件，设毛坯是 $\phi50$ mm 的棒料，材料为 45 钢，编制数控加工程序并完成零件的加工。

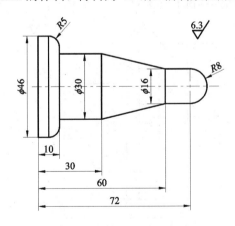

图 5-12　拓展训练零件图

✦✦✦ 自 测 题 ✦✦✦

1. 选择题

(1) 数控车床上，刀尖圆弧只有在加工(　　)时才产生加工误差。

A. 端面　　　　　　　　B. 圆柱　　　　　　　　C. 圆弧

(2) 圆弧插补指令"G03　X＿＿　Y＿＿　R＿＿；"中，X、Y 后跟的值是(　　)。

A. 起点坐标值　　　　　　B. 终点坐标值　　　　　　　　C. 圆心坐标相对于起点的值

(3) "G02　X20.0　Y20.0　R－10.0　F100.0；"所加工的一般是(　　)。

A. 整圆　　　　　　　　B. 圆心角小于 180°的圆　　　　C. 圆心角大于 180°的圆

(4) 判别数控车床(只有 X、Z 轴)圆弧插补的顺逆时，观察者沿圆弧所在平面的垂直坐标轴(Y 轴)的负方向看去，顺时针方向为 G02，逆时针方向为 G03。通常，圆弧的顺逆方向判别与车床刀架位置有关，如图 5-2 所示，正确的说法是(　　)。

A. 图(a)表示刀架在机床内侧时的情况

B. 图(b)表示刀架在机床外侧时的情况

C. 图(b)表示刀架在机床内侧时的情况

(5) G41、G42、G40 指令不能和(　　)结合使用。

A. G01　　　　　　　　　B. G02　　　　　　　　　C. G00

2. 判断题

(　　) (1) 不考虑刀尖的圆弧半径，车出的形状是有误差的。

(　　) (2) 刀具位置偏置补偿是对编程时假想的刀具与实际使用的刀具的差值进行补偿。

(　　) (3) 若程序段中同时出现 I、K、R，则 R 优先，I、K 无效。

(　　) (4) G02、G03 用半径指定圆心位置时，也能描述整圆。

(　　) (5) 在编写 G40、G41、G42 的 G00、G01 前后两个程序段中，X、Z 至少有一个值变化。

3. 编程题

已知毛坯为 ϕ45 mm×65 mm 的棒料，材料为 45 钢，编制如图 5-13 所示零件的加工程序，要求圆弧表面粗车采用偏移圆心法编程。

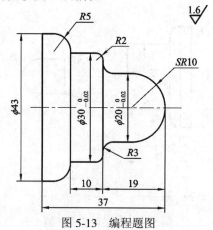

图 5-13　编程题图

自测题答案

项目6 螺纹类零件的编程与加工

典型案例：在 FANUC 0i Mate 数控车床上加工如图 6-1 所示的螺纹轴，设毛坯是 ϕ 52 mm×130 mm 的棒料，材料为 45 钢。

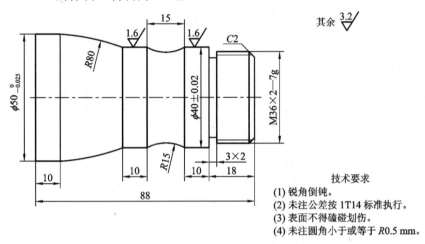

图 6-1　典型案例零件图

技术要求
(1) 锐角倒钝。
(2) 未注公差按 1T14 标准执行。
(3) 表面不得磕碰划伤。
(4) 未注圆角小于或等于 R0.5 mm。

6.1　技能要求

(1) 掌握 FANUC 0i Mate 数控系统的基本螺纹切削指令(G32)、螺纹切削循环指令(G92)、螺纹切削复合循环指令(G76)的应用。

(2) 了解螺纹车刀的选用、车螺纹切削用量的选择，掌握车螺纹的走刀路线设计及各主要尺寸的计算方法。

(3) 了解数控车床加工螺纹类零件的特点，并能够正确地对螺纹类零件进行数控车削工艺分析及编制数控程序。

6.2　知识学习

6.2.1　车螺纹的走刀路线设计及各主要尺寸的计算

1. 车螺纹的走刀路线

车螺纹时，刀具沿轴向的进给应与工件旋转保持严格的速比关系。由于刀具从停止状态加速到指定的进给速度或从指定的进给速度降至零时，驱动系统有一个过渡过程，因此，刀具沿轴向进给的加工路线长度，除保证螺纹加工的长度外，两端必须设置足够的升速进刀段(空刀导入量)δ_1和减速退刀段(空刀导出量)δ_2，如图6-2所示。δ_1、δ_2一般按下式选取：

$$\delta_1 \geqslant 2 \times 导程，\quad \delta_2 \geqslant (1 \sim 1.5) 导程$$

以保证螺纹切削时，在升速完成后才使刀具接触工件，在刀具离开工件后再开始降速。若螺纹收尾处没有退刀槽，则收尾处的形状与数控系统有关，一般按45°退刀收尾。

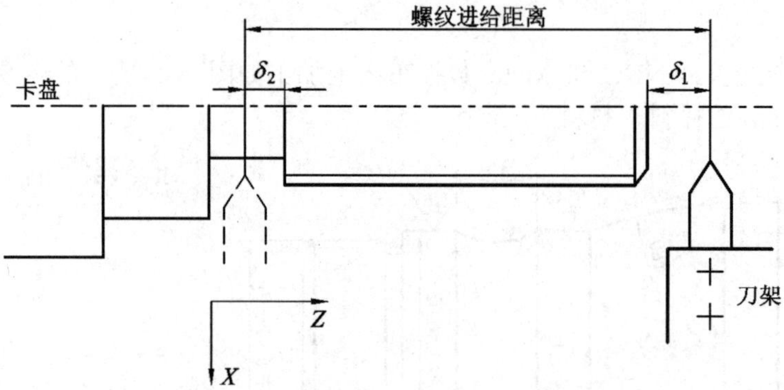

图6-2 螺纹空刀导入、导出量

2．车螺纹各主要尺寸的计算

车螺纹时，根据图纸上的螺纹尺寸标注，可以知道螺纹的公称直径、头数、导程、螺距 P(螺距=导程/头数)以及加工尺寸等级。在编写数控加工程序时，必须根据经验公式计算出螺纹的实际大径、小径、牙型高度，以便进行精度控制。

以普通螺纹为例，其参数计算如下：

1) 外螺纹尺寸

实际切削外圆直径：

$$d_{实际} = d - 0.1P$$

螺纹牙型高度：

$$h = 0.6495P$$

螺纹小径理论上约为 1.0825 倍的螺距，实际加工中约为(1.1～1.3)倍的螺距。螺纹小径：

$$d_1 = d - (1.1 \sim 1.3)P$$

2) 内螺纹尺寸

实际切削内孔直径：

$$D_{实际} = \begin{cases} D - P & (塑性材料) \\ D - (1.05 \sim 1.1)P & (脆性材料) \end{cases}$$

螺纹牙型高度：

$$h = 0.6495P$$

螺纹大径：

$$D_{大} = D$$

螺纹小径：

$$D_{小} = D - (1.1 \sim 1.3)P$$

3. 螺纹切削起始位置的确定

在一个螺纹的整个切削过程中，螺纹起点的 Z 坐标值应始终设定为一个固定值，否则会使螺纹"乱扣"。

6.2.2　车螺纹切削用量的选择

1. 进给次数和背吃刀量的确定

螺纹数控车削加工的常用方法有 3 种：直进法(如图 6-3(a)所示)、左右切削法(如图 6-3(b)所示)和斜进法(如图 6-3(c)所示)。

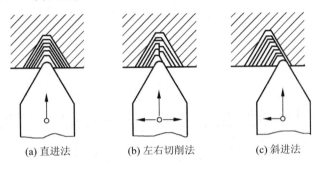

(a) 直进法　　　(b) 左右切削法　　　(c) 斜进法

图 6-3　螺纹数控车削加工的常用方法

直进法可使刀具双侧刃切削，切削力较大，一般用于螺距或导程小于 3 mm 的螺纹加工。左右切削法常用于精车螺纹，可使螺纹的两侧都获得较小的表面粗糙度。斜进法可使刀具单侧刃切削，切削力较小，一般用于工件刚性低、易振动的场合，主要用于不锈钢等难加工材料，或螺纹螺距(或导程)大于 3 mm 的螺纹加工。

当螺纹的牙型深度较深、螺距较大时，可分数次进给，切深的分配方式有常量式和递减式，如图 6-4 所示，一般采用递减式。进给次数和背吃刀量的大小会直接影响螺纹的加工质量，具体参考表 6-1 和表 6-2。

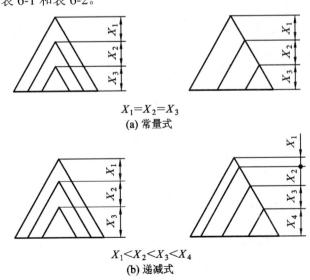

$X_1 = X_2 = X_3$
(a) 常量式

$X_1 < X_2 < X_3 < X_4$
(b) 递减式

图 6-4　切深分配方式

表 6-1 常用公制螺纹切削的进给次数与背吃刀量(直径值)　　mm

螺　距		1.0	1.5	2.0	2.5	3.0	3.5	4.0
牙　深		0.649	0.974	1.299	1.624	1.949	2.273	2.598
进给次数和背吃刀量	1 次	0.7	0.8	0.9	1.0	1.2	1.5	1.5
	2 次	0.4	0.6	0.6	0.7	0.7	0.7	0.8
	3 次	0.2	0.4	0.6	0.6	0.6	0.6	0.6
	4 次		0.16	0.4	0.4	0.4	0.6	0.6
	5 次			0.1	0.4	0.4	0.4	0.4
	6 次				0.15	0.4	0.4	0.4
	7 次					0.2	0.2	0.4
	8 次						0.15	0.3
	9 次							0.2

表 6-2　英制螺纹切削的进给次数与背吃刀量 (直径值)　　英寸

牙数/(牙/英寸)		24	18	16	14	12	10	8
牙　深		0.678	0.904	1.016	1.162	1.355	1.626	2.033
进给次数和背吃刀量	1 次	0.8	0.8	0.8	0.8	0.9	1.0	1.2
	2 次	0.4	0.6	0.6	0.6	0.6	0.7	0.8
	3 次	0.16	0.3	0.5	0.5	0.6	0.6	0.6
	4 次		0.11	0.14	0.3	0.4	0.4	0.5
	5 次				0.13	0.21	0.4	0.5
	6 次						0.16	0.4
	7 次							0.17

2. 主轴转速的确定

车削螺纹时，车床的主轴转速将受到螺纹的螺距大小、驱动电机的升降频特性及螺纹插补运算速度等多种因素的影响，故对于不同的数控系统，推荐不同的主轴转速选择范围。大多数卧式车床数控系统推荐车螺纹时的主轴转速如下：

$$n \leqslant \frac{1200}{P} - K$$

式中：P——零件的螺距(mm)，英制螺纹为相应换算后的毫米值；

　　　K——安全系数，一般取 80；

　　　n——主轴转速，单位为 r/min。

6.2.3　螺纹车削编程指令

1. 基本螺纹切削指令(G32)

基本螺纹切削指令用于车削等螺距直螺纹、锥螺纹，其轨迹如图 6-5 所示。

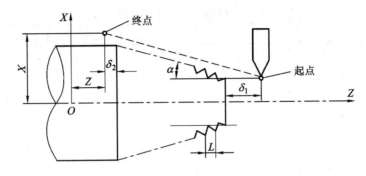

图 6-5　车螺纹示意图

格式：

  G32　X(U)__　Z(W)__　F__;

其中：X(U)、Z(W)为螺纹终点坐标，圆柱螺纹切削时，X(U)可省略，端面螺纹切削时，Z(W)可省略；F为螺纹导程，如果是单线螺纹，则为螺纹的螺距，单位为 mm。

说明：

(1) 螺纹切削应在两端设置足够的升速进刀段(空刀导入量)δ_1 和减速退刀段(空刀导出量)δ_2。

(2) 加工多头螺纹时，在加工完一个头后，将车刀用 G00 或 G01 方式移动一个螺距，再按要求编程加工下一个头螺纹。

(3) 车螺纹期间的进给速度倍率、主轴速度倍率无效(固定 100%)。

(4) 车螺纹期间不宜使用恒表面切削速度控制，而应使用恒转速控制 G97。

(5) 因受机床结构及数控系统的影响，车螺纹时主轴的转速有一定的限制。

(6) 车螺纹期间，进给暂停功能无效，如果在螺纹切削过程中按下进给暂停按钮，刀具将在执行了非螺纹切削的程序段后停止。

例如，如图 6-6 所示，用 G32 进行圆柱螺纹切削，数控加工程序见表 6-3。

设定升速段为 5 mm，降速段为 2 mm。

螺纹实际小径：

$$d_1 = d - (1.1 \sim 1.3)P = 30 - (1.1 \sim 1.3) \times 2 = 27.8 \sim 27.4 \text{ mm}$$

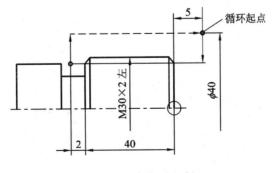

图 6-6　圆柱螺纹切削

表 6-3 用 G32 编写的数控加工程序

程 序	说 明
O0601;	程序名
N020 G00 X29.1 Z5.0;	
N030 G32 Z–42.0 F2;	第一次车螺纹, 背吃刀量为 0.9 mm
N040 G00 X32.0;	
N050 Z5.0;	
N060 X28.5;	第二次车螺纹, 背吃刀量为 0.6 mm
N070 G32 Z–42.0 F2;	
N080 G00 X32.0;	
N090 Z5.0;	
N100 X27.9;	第三次车螺纹, 背吃刀量为 0.6 mm
N110 G32 Z–42.0 F2;	
N120 G00 X32.0;	
N130 Z5.0;	
N140 X27.5;	
N150 G32 Z–42.0 F2;	第四次车螺纹, 背吃刀量为 0.4 mm
N160 G00 X32;	
N170 Z5.0;	
N180 X27.4;	
N190 G32 Z–42.0 F2;	最后一次车螺纹, 背吃刀量为 0.1mm
N200 G00 X32.0;	
N210 Z5.0;	
⋮	

2. 螺纹切削循环指令(G92)

G92 是螺纹简单循环指令, 只需指定每次螺纹加工的循环起点和螺纹终点坐标。该循环指令将"切入→螺纹切削→退刀→返回"4 个动作作为 1 次循环, 用一个程序段来指定, 可用来车削等距直螺纹、锥螺纹。

1) 直螺纹切削循环指令

格式:

G92 X(U)__ Z(W)__ F__;

其中: X(U)、Z(W)为螺纹终点坐标; F 为螺纹导程, 如果是单线螺纹, 则为螺纹的螺距。轨迹如图 6-7 所示。

2) 锥螺纹切削循环指令

格式:

G92 X(U)__ Z(W)__ R__ F__;

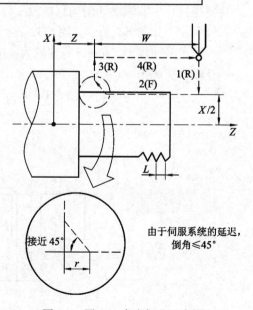

图 6-7 用 G92 车直螺纹示意图

其中：X(U)、Z(W)为螺纹终点坐标；R 为锥度，取值参见表 6-4；F 为螺纹导程，如果是单线螺纹，则为螺纹的螺距。轨迹如图 6-8 所示。

表 6-4 G92 编程时，R 值的正负与刀具轨迹的关系

序　号	示　意　图	U、W、R 值
1	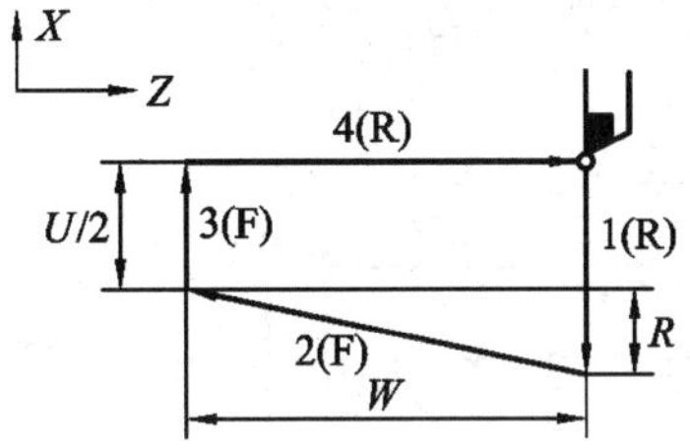	U<0 W<0 R<0
2	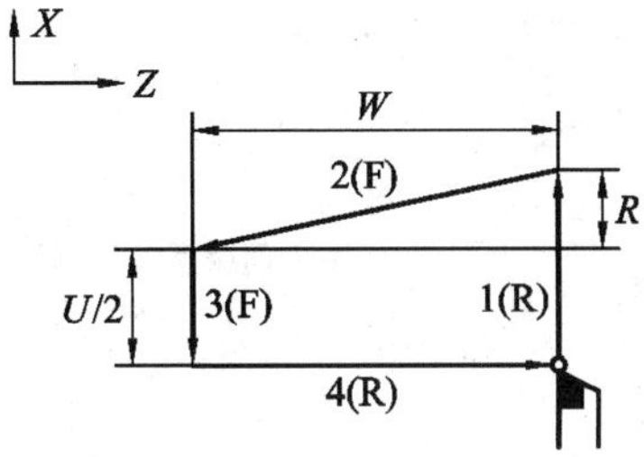	U>0 W<0 R<0
3	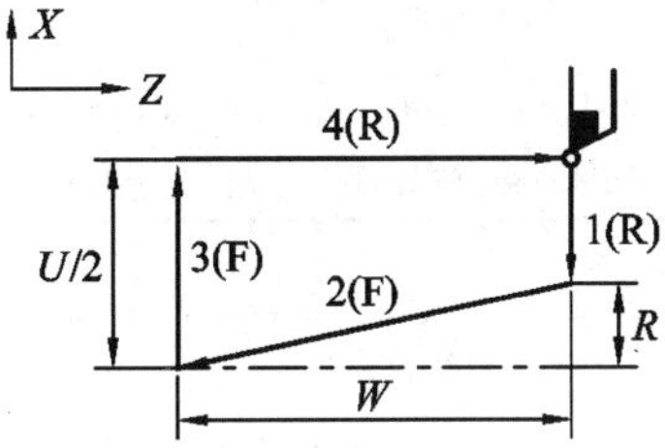	U<0 W<0 R>0
4	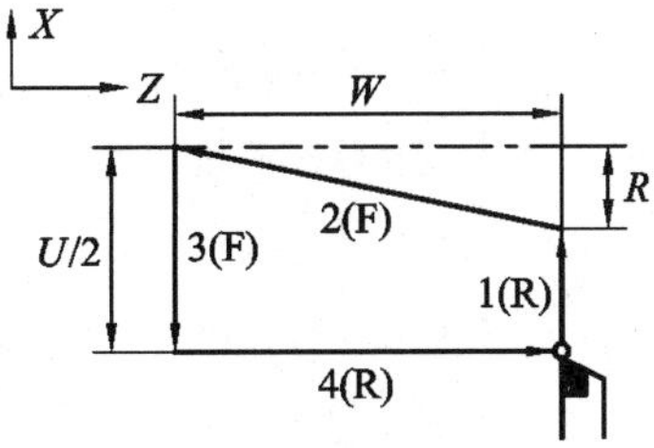	U>0 W<0 R<0

说明：

(1) 在螺纹切削过程中，按下循环暂停键时，刀具立即按斜线退回，然后先回到 X 轴的起点，再回到 Z 轴的起点。在退回期间，不能进行另外的暂停。

(2) 如果在单段方式下执行 G92 循环，则每执行一次循环必须按 4 次循环启动按钮。

(3) G92 指令是模态指令，当 Z 轴移动量没有变化时，只需对 X 轴指定其移动指令即可重复执行固定循环动作。

(4) 执行 G92 循环时，在螺纹切削的退尾处，刀具沿接近 45° 的方向斜向退刀，Z 向退刀距离 $r = (0.1 \sim 12.7)$ 导程，如图 6-8 所示，该值由系统参数设定。

(5) 在 G92 指令执行过程中，进给速度倍率和主轴速度倍率均无效。

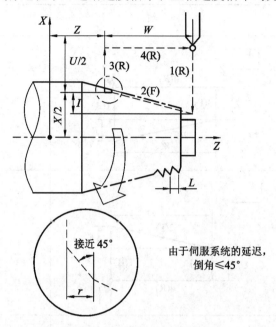

图 6-8　用 G92 车锥螺纹示意图

例如，如图 6-6 所示，用 G92 指令编程，加工程序见表 6-5。

表 6-5　用 G92 编写的数控加工程序

程　序	说　明
O0602;	程序名
N070　G00　X40.0　Z5.0;	刀具定位到循环起点
N080　G92　X29.1　Z−42.0　F2;	第一次车螺纹
N090　X28.5;	第二次车螺纹
N100　X27.9;	第三次车螺纹
N110　X27.5;	第四次车螺纹
N120　X27.4;	最后一次车螺纹
N130　G00　X150.0　Z150.0;	刀具回换刀点
N140　Z5.0; ⋮	

3. 螺纹切削复合循环指令(G76)

G76 为螺纹切削复合循环指令，该指令用于多次自动循环车螺纹。数控加工程序中，只需指定螺纹加工的循环起点和最后一刀螺纹终点坐标，并在指令中定义好有关参数，就能完成 1 个螺纹段的全部加工，如图 6-9 所示。

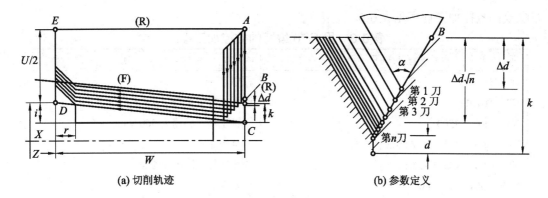

(a) 切削轨迹   (b) 参数定义

图 6-9　用 G76 车螺纹示意图

格式：

$\quad$ G76 $\quad$ P$\underline{m}$ $\underline{r}$ $\underline{\alpha}$ $\quad$ Q$\Delta d_{\min}$ $\quad$ R$\underline{d}$；

$\quad$ G76 $\quad$ X(U)___ $\quad$ Z(W)___ $\quad$ R$\underline{i}$ $\quad$ P$\underline{k}$ $\quad$ QΔd $\quad$ F$\underline{L}$；

说明：

(1) m 为精车重复次数，从 01～99。该参数为模态量。

(2) r 为螺纹尾端倒角值，该值的大小可设置在 $0.0L$～$9.9L$ 之间(其中 L 为螺距)，系数应为 0.1 的整数倍，用 00～99 之间的两位整数来表示。该参数为模态量。

(3) α 为刀具角度，可从 80°、60°、55°、30°、29°、0° 六个角度中选择，用两位整数来表示。该参数为模态量。

(4) $\Delta d_{\min}$ 为最小车削深度，用半径值编程。车削过程中每次的车削深度为 $\Delta d_n = \sqrt{n}\Delta d - \sqrt{n-1}\Delta d$，当计算深度小于这个极限值时，车削深度锁定在这个值。该参数为模态量。

(5) d 为精车余量，用半径值编程。该参数为模态量。

(6) X(U)、Z(W) 为螺纹终点坐标。

(7) i 为螺纹锥度值，用半径值编程。若 $R = 0$，则螺纹为直螺纹。

(8) k 为螺纹高度，用半径值编程。

(9) Δd 为第 1 次车削深度，用半径值编程。i、k、Δd 的数值应以无小数点形式表示。

(10) L 为螺距。

(11) G76 指令为非模态指令，所以必须每次指定。

(12) 在执行 G76 时，如要进行手动操作，刀具应返回到循环操作停止的位置。如果没有返回到循环停止位置就重新启动循环操作，手动操作的位移将叠加在该条程序段停止时的位置上，刀具轨迹就多移动了一个手动操作的位移量。

例如，在 FANUC 0i Mate 数控车床上加工如图 6-10 所示的零件，要求车端面，切槽，

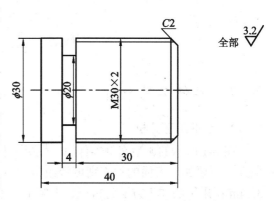

图 6-10　螺纹切削复合循环示例

车螺纹，数控加工程序见表6-6。

表6-6 用G76编写的数控加工程序

程　　　序	说　　　明
O0603；	程序名
N2　T0101；	调用1号外圆刀
N4　M03　S500；	主轴正转，转速为500 r/min
N6　G00　X150.0　Z150.0；	刀具快速定位
N8　G00　X32.0　Z0；	快速定位，准备车端面
N10　G01　X0　F0.15；	车平端面
N12　G01　X26.0；	准备倒角
N14　X29.8　Z−2.0；	车螺纹大径
N16　Z−34.0；	
N18　G00　X150.0；	回刀具起点
N20　Z150.0；	
N22　T0202；	调用2号切槽刀
N24　M03　S300；	转速为300 r/min
N26　G00　X32.0　Z−34.0；	
N28　G01　X20.0　F0.05；	切槽
N30　G00　X150.0；	回刀具起点
N32　Z150.0；	
N34　T0303；	调用3号螺纹刀
N36　M03　S600；	转速为600 r/min
N38　G00　X32.0　Z3.0；	刀具定位到循环起点
N40　G76　P011060　Q100　R50；	车螺纹
N42　G76　X27.4　Z−32.0　P1300　Q450　F2；	
N44　G00　X150.0　Z150.0；	回刀具起点
N46　M05；	主轴停转
N48　M30；	程序结束

6.3　工 艺 分 析

6.3.1　零件工艺分析

1. 零件工艺分析

图6-1所示的典型案例零件属于轴类零件，加工内容包括圆弧、圆柱、退刀槽、螺纹、倒角；主要加工表面的加工精度等级为 IT8，表面粗糙度为 1.6 μm，其余表面粗糙度为3.2 μm；采用的加工方法为粗车、半精车、精车。

将毛坯的轴线和左端面作为定位基准，采用三爪自定心卡盘装卡。编程原点选择在工件右端面的中心处。

2．尺寸计算

$\phi 50_{-0.025}^{0}$ 外圆编程尺寸：

$$50 + \frac{0 + (-0.025)}{2} = 49.9875 \text{ mm}$$

$\phi 40 \pm 0.02$ 外圆编程尺寸：

$$40 + \frac{0.020 + (-0.020)}{2} = 40 \text{ mm}$$

M36×2－7g 螺纹尺寸：

外圆柱面的直径 $d_{实际} = d - 0.1P = 36 - 0.1 \times 2 = 35.8 \text{ mm}$
螺纹实际牙型高度 $h = 0.6495P = 0.6495 \times 2 = 1.299 \text{ mm}$
螺纹实际小径 $d_1 = d - (1.1 \sim 1.3)P = 36 - (1.1 \sim 1.3) \times 2 = 33.8 \sim 33.4 \text{ mm}$

3．加工方案

按加工过程确定走刀路线如下：车端面→粗车各外圆→半精车各外圆→精车各外圆→切槽→车螺纹→切断。

如图 6-11 所示，粗车各外圆的走刀路线为 1→2→3→4→5→6→7→8→9→10→11。

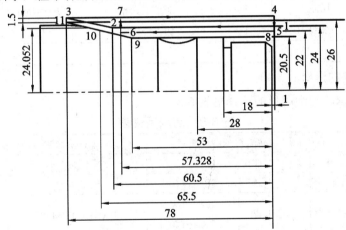

图 6-11　粗车各外圆的走刀路线

如图 6-12 所示，半精车各外圆的走刀路线为 $a→b→c→d→e→f→g→h$。

如图 6-13 所示，精车各外圆的走刀路线为 $A→B→C→D→E→F→G→H→I$。

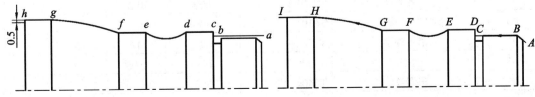

图 6-12　半精车各外圆的走刀路线　　　图 6-13　精车各外圆的走刀路线

如图 6-14 所示，切槽的走刀路线为 $K→L→K$。

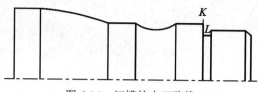

图 6-14 切槽的走刀路线

6.3.2 工艺方案

1. 刀具的选择

根据加工要求，选用的刀具见表 6-7。

表 6-7 刀具选择表

产品名称或代号		课内实训样件	零件名称	螺纹轴零件	零件图号		6-1
序 号	刀具号	刀具名称	数 量	加工表面	刀具半径 R/mm	刀具 补偿号	备 注
1	T01	外圆机夹粗车刀 (刀尖55°)	1	车端面、粗车、半精车各外圆	0.4	01	
2	T02	外圆机夹精车刀 (刀尖35°)	1	精车各外圆	0.2	02	
3	T03	切断刀	1	加工退刀槽	$B = 4$ mm	03	
4	T04	螺纹刀	1	加工外螺纹	0.2	04	
编 制		审 核		批 准		共1页	第1页

2. 切削用量的选择

根据加工要求，切削用量的选择见表 6-8。

表 6-8 切削用量表

单位名称	××××××		产品名称或代号		零件名称		零件图号
			课内实训样件		螺纹轴零件		6-1
工序号	程序编号	夹具名称	使用设备		数控系统		场 地
006	O0604	三爪卡盘	数控车床 CKA6140		FANUC 0i Mate		数控实训中心 机房、车间
工步号	工步内容		刀具号	刀具规格 /mm	主轴转速 n/(r/min)	进给量 f/(mm/r)	背吃刀量 /mm	备注
01	车端面		T0101		800	0.2	1	
02	粗车各外圆		T0101		800	0.2	2	
03	半精车各外圆		T0101		800	0.2		
04	精车各外圆		T0202		1200	0.1	0.5	
05	切槽		T0303		600	0.05		
06	车螺纹		T0404		500	2(螺距)		
07	切断		T0303		400	0.05		
编 制		审 核		批 准		共1页	第1页	

图 6-1 所示典型案例零件的数控加工程序见表 6-9。

表 6-9　数控加工程序

程　　序	说　　明
O0604；	程序名
N5　T0101；	换 1 号刀
N10　M03　S800；	主轴正转，转速为 800 r/min
N15　G00　X60.0　Z20.0；	刀具快速定位
N20　X56.0　Z0；	快速定位，准备车端面
N25　G01　X0　F0.2；	车端面
N30　Z1.0；	
N35　X48.0；	刀具移到 1 点
N40　Z−60.5；	刀具移到 2 点
N45　X55.0　Z−78.0；	刀具移到 3 点
N50　G00　Z1.0；	刀具移到 4 点
N55　X44.0；	刀具移到 5 点
N60　G01　Z−57.328；	刀具移到 6 点
N65　X55.0；	刀具移到 7 点
N70　G00　Z1.0；	刀具移到 4 点
N75　G01　X41.0；	刀具移到 8 点
N80　Z−53.0；	刀具移到 9 点
N85　X44.0　Z−57.328；	刀具移到 6 点
N90　X48.104　Z−65.5；	刀具移到 10 点
N95　X52.0；	刀具移到 11 点
N100　G00　Z1.0；	
N105　X37.0；	刀具移到 *a* 点
N110　G01　Z−18.0；	刀具移到 *b* 点
N115　X41.0；	刀具移到 *c* 点
N120　Z−28.0；	刀具移到 *d* 点
N125　G02　U0　W−15.0　R15.0；	刀具移到 *e* 点
N130　G01　Z−10.0；	刀具移到 *f* 点
N135　G03　U10.0　W−25.0　R80.0；	刀具移到 *g* 点
N140　G01　Z−91.0；	刀具移到 *h* 点
N145　X54.0；	
N150　G00　X100.0　Z100.0；	
N155　T0202；	换 2 号刀

仿真加工视频

程　　序	说　　明
N160　M03　S1200;	主轴正转，转速为 1200 r/min
N165　G00　X50.0　Z6.0;	
N170　G42　X30.0　Z1.0;	
N175　G01　X35.8　Z−2.0;	
N180　Z−18.0;	
N185　X40.0;	
N190　W−10.0;	
N195　G02　U0　W−15.0　R15.0;	
N200　G01　W−10.0;	
N205　G03　U10.0　W−25.0　R80.0;	
N210　G01　Z−91.0;	
N215　X54.0;	
N220　G40　X60.0　Z−95.0;	
N225　G00　X100.0　Z100.0;	
N230　T0303;	换 3 号刀
N235　M03　S600;	主轴正转，转速为 600 r/min
N240　G00　X42.0　Z−18.0;	
N245　G01　X32.0　F0.05;	切槽
N250　X42.0;	
N255　G00　X100.0　Z100.0;	
N260　T0404;	换 4 号刀
N265　M03　S500;	主轴正转，转速为 500 r/min
N270　G00　X41.0　Z2.0;	
N275　G92　X35.1　Z−17.0　F2;	车螺纹
N280　X34.5;	
N285　X33.9;	
N290　X33.5;	
N295　X33.4;	
N300　G00　X100.0　Z100.0;	
N305　T0303;	
N310　M03　S400;	
N315　G00　X54.0　Z−91.0;	
N320　G01　X5.0　F0.05;	切断
N325　X54.0;	
N330　G00　X100.0　Z100.0;	
N335　M05;	
N340　M30;	程序结束

6.5 拓 展 训 练

在 FANUC 0i Mate 数控车床上加工如图 6-15 所示的零件，设毛坯是 $\phi40$ mm×150 mm 的棒料，材料为 45 钢，编制数控加工程序并完成零件的加工。

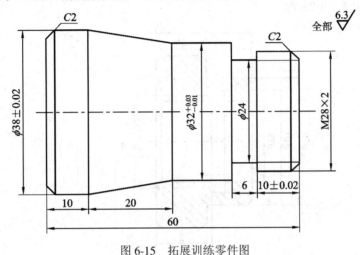

图 6-15 拓展训练零件图

✦✦✦ 自 测 题 ✦✦✦

1. 选择题

(1) 梯形螺纹测量一般是用三针测量法测量螺纹的(　　)。

A. 大径　　　　　　　B. 小径　　　　　　　C. 底径　　　　　　　D. 中径

(2) 螺纹指令编制时，F 参数是指(　　)。

A. 进给速度　　　　　B. 螺距　　　　　　　C. 头数　　　　　　　D. 不一定

(3) 下列指令中，(　　)不是螺纹加工指令。

A. G76　　　　　　　B. G92　　　　　　　C. G32　　　　　　　D. G90

(4) 需要多次自动循环的螺纹加工，应选择(　　)指令。

A. G76　　　　　　　B. G92　　　　　　　C. G32　　　　　　　D. G90

(5) 若要加工规格为 "M30×2" 的螺纹，则螺纹底径为(　　)mm。

A. 27.4　　　　　　　B. 28　　　　　　　　C. 27　　　　　　　　D. 27.6

2. 判断题

(　　) (1) 螺纹指令 "G32　X41　W–43　F1.5" 表示以每分钟 1.5 mm 的速度加工螺纹。

(　　) (2) 数控车床可以车削直线、斜线、圆弧、公制和英制螺纹、圆柱螺纹、圆锥螺纹，但是不能车削多头螺纹。

(　　) (3) 刃磨车削右旋丝杠的螺纹车刀时，左侧工作后角应大于右侧工作后角。

(　　) (4) G92 指令适用于对直螺纹和锥螺纹进行循环切削，每指定一次，螺纹切削自动进行一次循环。

（　　）(5) 锥螺纹"R___"参数的正负由螺纹起点与目标点的关系确定，若起点坐标比目标点的 X 坐标小，则 R 应取负值。

3. 编程题

已知毛坯为 φ70 mm 的棒料，材料为 45 钢，编制如图 6-16 所示零件的加工程序，要求螺纹部分采用 G92 方式编程。

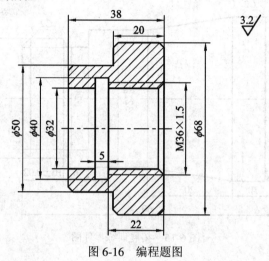

图 6-16　编程题图

自测题答案

项目 7 内/外轮廓的编程与加工

典型案例：在 FANUC 0i Mate 数控车床上加工如图 7-1 所示的零件，设毛坯是 ϕ 40 mm 的棒料，材料为硬铝。

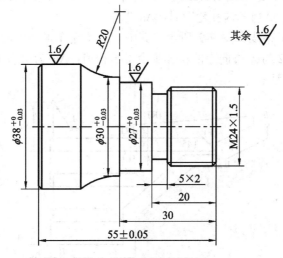

图 7-1 典型案例零件图

7.1 技 能 要 求

(1) 掌握内/外径粗车循环指令(G71)、端面粗车循环指令(G72)、成型车削循环指令(G73) 及精车循环指令(G70)的应用。

(2) 了解数控车床加工复杂轴类零件的特点，并能够正确地对复杂零件进行数控车削 工艺分析。

(3) 通过对复杂轴类零件的加工，掌握数控车床的编程技巧。

7.2 知 识 学 习

7.2.1 内/外径粗车循环指令(G71)

内/外径粗车循环指令只需指定精加工路线，系统便会自动给出粗加工路线，适用于车 削圆棒料毛坯。

格式：

G71 UΔd Re；

G71 Pns Qnf UΔu WΔw F__ S__ T__；

其中：Δd 为背吃刀量，以半径值表示，且为正值；e 为退刀量；ns 为精车开始程序段号；nf 为精车结束程序段号；Δu 为 X 方向上的精加工余量，以直径值表示；Δw 为 Z 方向上的精加工余量。

说明：

(1) 粗车过程中，$ns\sim nf$ 中程序段的 F、S、T 功能均被忽略，但对 G70 有效。

(2) 在 $ns\sim nf$ 的程序段中，不能调用子程序。

(3) 车削的路径必须是单调增大或减小，即不可有内凹的轮廓外形。

(4) 当使用 G71 指令粗车内孔轮廓时，Δu 为负值。

外圆粗车循环加工路线如图 7-2 所示。其中：A' 为精车循环的起点；A 为毛坯外径与轮廓端面的交点；$\Delta u/2$ 为 X 方向上的精加工余量半径值；Δw 为 Z 方向上的精加工余量；e 为退刀量；Δd 为背吃刀量。

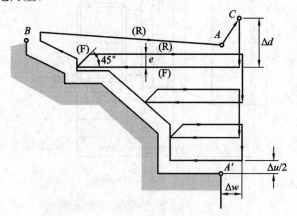

图 7-2　外圆粗车循环加工路线

例如，要粗车如图 7-3 所示短轴的外圆，假设粗车切削深度为 4 mm，退刀量为 0.5 mm，X 方向上的精加工余量为 2 mm，Z 方向上的精加工余量为 2 mm，加工程序见表 7-1。

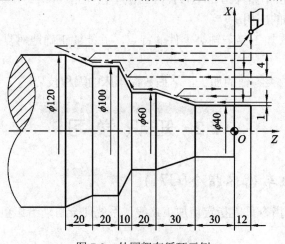

图 7-3　外圆粗车循环示例

表 7-1　用外圆粗车循环指令 G71 编写的数控加工程序

程　　序	说　　明
O0701；	程序名
N010　T0101　M03　S450；	
N020　G00　G42　X125.0　Z12.0　M08；	起刀位置
N030　G71　U4.0　R0.5；	外圆粗车固定循环
N040　G71　P50　Q110　U2.0　W2.0　F0.3；	
N050　G00　X40.0　Z6.0；	//ns 第一段，此段不允许有 Z 方向的定位
N060　G01　Z−30.0　F0.1；	
N070　X60.0　Z−60.0；	
N080　Z−80.0；	
N090　X100.0　Z−90.0；	
N100　Z−110.0；	
N110　X120.0　Z−130.0；	//nf 最后一段
N120　G00　G40　X200.0　Z140.0　M09；	
N130　M05；	主轴停
N140　M30；	程序结束

7.2.2　端面粗车循环指令(G72)

端面粗车循环指令适用于车削直径方向的切除余量比轴向余量大的棒料。

格式：

　　　G72　UΔd　Re；

　　　G72　Pns　Qnf　UΔu　WΔw　F__　S__　T__；

说明：

(1) 指令中各项的意义与 G71 的相同。

(2) 在 G72 指令中除 G71 指令中提到的注意事项外还需要注意的一点是在 $ns \sim nf$ 程序段中不应编有 X 方向的移动指令。

端面粗车循环加工路线如图 7-4 所示。

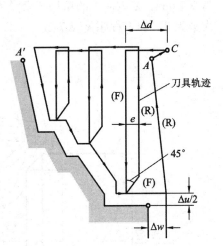

图 7-4　端面粗车循环加工路线

7.2.3　成型车削循环指令(G73)

成型车削循环指令只需指定精加工路线，系统便会自动给出粗加工路线，适用于车削铸造、锻造类毛坯或半成品。

格式：

　　　G73　UΔi　WΔk　Rd；

　　　G73　Pns　Qnf　UΔu　WΔw　F__　S__　T__；

其中：Δi 为 X 方向上的退刀量，以半径值表示；Δk 为 Z 方向上的退刀量；d 为循环次数。

说明：

(1) 指令中其他参数的意义与 G71 的相同。

(2) 粗车过程中，$ns \sim nf$ 程序段中的 F、S、T 功能均被忽略，只有 G73 指令中指定的 F、S、T 功能有效。

成型车削循环加工路线如图 7-5 所示。

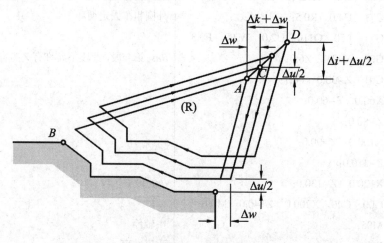

图 7-5　成型车削循环加工路线

例如，要加工如图 7-6 所示的短轴，X 方向上的退刀量为 9.5 mm，Z 方向上的退刀量为 9.5 mm，X 方向上的精加工余量为 1 mm，Z 方向上的精加工余量为 0.5 mm，重复加工次数为 3，加工程序见表 7-2。

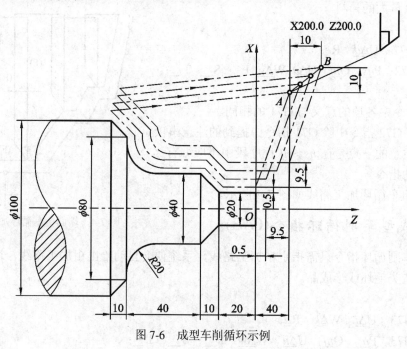

图 7-6　成型车削循环示例

表 7-2　用成型车削循环 G73 指令编写的数控加工程序

程　　序	说　　明
O0702;	程序名
N010　T0101;	
N020　M03　S800;	
N030　G00　G42　X140.0　Z5.0　M08;	
N050　G73　U9.5　W9.5　R3.0;	X/Z 方向上的退刀量为 9.5 mm，循环 3 次
N060　G73　P70　Q130　U1.0　W0.5　F0.3;	精加工余量，X 方向上的余量为 1 mm，Z 方向上的余量为 0.5 mm
N070　G00　X20.0　Z0;	//ns
N080　G01　Z-20.0　F0.15;	
N090　X40　Z-30.0;	
N100　Z-50.0;	
N110　G02　X80.0　Z-70.0　R20.0;	
N120　G01　X100.0　Z-80.0;	
N130　X105.0;	//nf
N140　G00　G40　X200.0　Z200.0;	
N150　M30;	程序结束

7.2.4　精车循环指令(G70)

用 G71、G72、G73 粗车完毕后，可用 G70 指令，使刀具进行精加工。

格式：

　　　G70　P*ns*　Q*nf*；

其中：*ns* 为精车开始程序段号；*nf* 为精车结束程序段号。

例如，在 FANUC 0i Mate 数控车床上加工如图 7-7 所示的零件，设毛坯是 ϕ50 mm 的棒料，编程原点选在工件右端面的中心处，在配置后置式刀架的数控车床上加工。采用 G71 进行粗车，然后用 G70 进行精车，最后切断，数控加工程序见表 7-3。

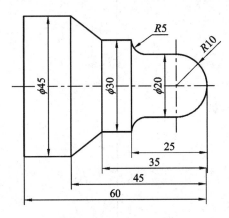

图 7-7　精车循环示例

表 7-3 用 G71/G70 指令编写的数控加工程序

程 序	说 明
O0703;	程序名
N2　T0101;	
N6　G50　S1500;	限制主轴最高转速为 1500 m/min
N8　G00　X52.0　Z0;	
N10　G96　S120　M03　S120;	切换工件转速，恒线速度为 120 m/min
N12　G01　X0　F0.15;	车端面
N14　G97　S800;	切换工件转速，转速为 800 r/min
N16　G00　Z2.0;	
N18　X52.0;	
N20　G71　U2.0　R1.0;	外圆粗车循环
N22　G71　P24　Q38　U0.2　W0　F0.15;	精车路线由 N24～N38 指定
N24　G01　G42　X0　Z0　F0.08;	
N26　G03　X20.0　W−10.0　R10.0;	
N28　G01　Z−20.0;	
N30　G02　X30.0　Z−25.0　R5.0;	
N32　G01　Z−35.0;	
N34　G01　X45.0　Z−45.0;	
N36　W−20.0;	
N38　G00　G40　X50.0;	
N40　G00　X150.0;	
N42　Z150.0;	
N44　T0202;	
N46　G00　X45.0　Z2.0　S1000　M03;	
N48　G70　P24　Q38;	精车
N50　G00　X150.0;	
N52　Z150.0;	
N54　S300　M03　T0303;	切断
N56　G00　X52.0　Z−64.0;	
N58　G01　X1.0　F0.05;	
N60　G00　X150.0;	
N62　Z150.0;	
N64　M05;	
N66　M30;	程序结束

7.3 工艺分析

7.3.1 零件工艺分析

图 7-1 所示零件可以采用一次装夹加工出外圆面、圆弧面、退刀槽及螺纹，然后切断。工件用三爪自定心卡盘装夹，用划线盘校正。根据工件坐标系建立原则，将工件坐标系原点设定在其装夹后的工件右端面轴线上。该零件外形轮廓为单向递增，可采用 G71 复合循环进行编程加工。

M24×1.5 的螺纹采用 G92 固定循环指令进行编程，每次的背吃刀量分别为 0.8 mm、0.6 mm、0.4 mm、0.15 mm。如图 7-8 所示，根据 △AOB 计算出 A 点的坐标为 $X = 38.0$，$Z = -42.0$。

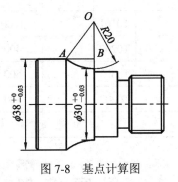

图 7-8　基点计算图

7.3.2 工艺方案

1. 刀具的选择

该零件需要加工外圆面、圆弧面、螺纹退刀槽、螺纹及端面。根据加工要求，选用的刀具见表 7-4。

表 7-4　刀具选择表

产品名称或代号		课内实训样件	零件名称	综合加工零件	零件图号		7-1
序 号	刀具号	刀具名称	数 量	加工表面	刀具半径R/mm	刀具补偿号	备 注
1	T01	90°外圆车刀	1	粗精车各外圆面及端面	0.4	01	
2	T02	切槽刀	1	加工螺纹退刀槽及切断	$B = 4$ mm	02	
3	T03	60°外螺纹车刀	1	车削外螺纹		03	
编 制		审 核		批 准		共1页	第1页

2. 切削用量的选择

零件加工材料为硬铝，硬度较低，切削力较小，切削用量可以选择大些。根据加工要求，切削用量的选择见表 7-5。

表 7-5 切削用量表

单位名称	××××××	产品名称或代号		零件名称	零件图号
单位名称	××××××	课内实训样件		综合加工零件	7-1
工序号	程序编号	夹具名称	使用设备	数控系统	场 地
007	O0704	三爪卡盘	数控车床 CKA6140	FANUC 0i Mate	数控实训中心机房、车间

工步号	工步内容	刀具号	刀具规格 /mm	主轴转速 n/(r/min)	进给量 f/(mm/r)	背吃刀量 /mm	备 注
01	车端面	T0101		500	0.2	1~2	
02	粗车左端外形轮廓，留 0.4 mm 精加工余量	T0101		600	0.2	1~2	
03	精车左端外形轮廓	T0101		1000	0.1	0.2	
04	加工螺纹退刀槽	T0202		400	0.1	4	
05	车削螺纹	T0303		600	1.5(螺距)		
06	切断	T0202		400	0.1		
编 制		审 核		批 准		共 1 页	第 1 页

7.4 程 序 编 制

图 7-1 所示典型案例零件在配置 FANUC 0i Mate 系统的数控车床上加工，数控加工程序如表 7-6 所示。

表 7-6 数控加工程序

程 序	说 明	
O0704；	程序名	
N010 T0101；	调用外圆车刀	
N020 M03 S600；		
N030 G00 G99 X42.0 Z3.0；		
N040 G71 U1.5 R0.5；	粗车外圆轮廓	
N050 G71 P060 Q150 U0.4 W0 F0.2；		仿真加工视频
N060 G42 G00 X20.0 S1000；		
N070 G01 Z1.0 F0.1；		
N080 X23.85 Z–1.0；		
N090 Z–20.0；		
N100 X27.0；		
N110 Z–30.0；		

程　　序	说　　明
N120　X30.0;	
N130　G02　X38.0　Z-42.0　R20.0;	
N140　G01　Z-60.0;	
N170　G00　X100.0;	
N180　Z100.0;	刀具退至换刀点
N190　M05;	
N200　M00;	
N210　T0202;	调用切槽刀
N220　M03　S400;	
N230　G00　G99　X28.0　Z-20.0;	加工退刀槽
N240　G01　X20.1　F0.1;	
N250　X28.0;	
N260　W2.0;	
N270　X24.0;	
N280　X22.0　W-1.0;	
N290　X20.0;	
N300　W-1.0;	
N310　X28.0;	
N320　G00　X100.0;	
N330　Z100.0;	刀具退至换刀点
N340　M05;	
N350　M00;	
N360　T0303;	调用外螺纹刀
N370　M03　S600;	
N380　G00　G99　X26.0　Z4.0;	
N390　G92　X23.2　Z-17.5　F1.5;	车削螺纹
N400　X22.6;	
N410　X22.2;	
N420　X22.05;	
N430　X22.05;	
N440　G00　X100.0;	
N450　Z100.0;	刀具退至换刀点
N460　M30;	程序结束

在 FANUC 0i Mate 数控车床上加工如图 7-9 所示的零件，设毛坯是 ϕ45 mm × 85 mm 的棒料，材料为 45 钢，编制数控加工程序并完成零件的加工。

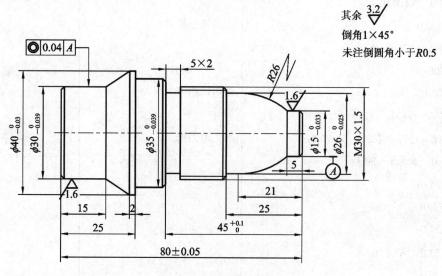

图 7-9 拓展训练零件图

✦✦✦ 自 测 题 ✦✦✦

1. 选择题

(1) 在 FANUC 数控系统中，( )适用于粗加工铸造、锻造类毛坯。

A. G71   B. G70   C. G73   D. G72

(2) 数控机床内/外径粗车循环指令(G71)中，( )方向的切削形状应单调变化。

A. X B. Y C. Z

(3) 下列指令中，( )属于单一外形固定循环指令。

A. G72   B. G90   C. G71   D. G73

(4) 若待加工零件具有凹圆弧面，应选择( )指令完成粗车循环。

A. G70   B. G71   C. G73   D. G72

(5) 在 FANUC 数控系统中，( )指令适用于精加工。

A. G71   B. G70   C. G73   D. G72

2. 判断题

( )(1) 在实际加工中，各粗车循环指令可根据实际情况，结合使用，即某部分用 G71，某部分用 G73，尽可能提高效率。

( )(2) 成型车削循环指令方式适合于加工棒料毛坯除去较大余量的切削。

( )(3) 内/外径粗车循环指令可对零件的内、外圆柱面及内、外圆锥面进行粗车。

(   ) (4) G71、G72、G73、G76 均属于复合固定循环指令。

3. 编程题

已知毛坯为 $\phi 50\,mm \times 100\,mm$ 的棒料，材料为 45 钢，车削如图 7-10 所示的工件，要求：

(1) 确定加工方案；

(2) 选择刀具；

(3) 建立工件坐标系；

(4) 编程。

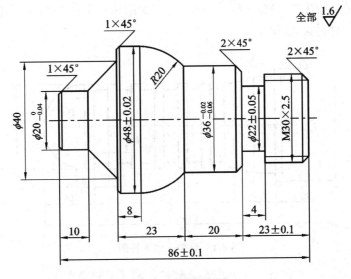

图 7-10　编程题图

自测题答案

项目 8　槽类零件的编程与加工

典型案例：在 FANUC 0i Mate 数控车床上加工如图 8-1 所示的零件，设毛坯是 ϕ40 mm×110 mm 的棒料，材料为 45 钢。

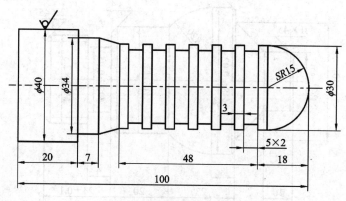

图 8-1　典型案例零件图

8.1　技 能 要 求

(1) 掌握 FANUC 0i Mate 数控系统子程序的编制和使用，掌握端面(外圆)切槽指令(G01)、端面切槽循环指令(G74)及内(外)圆切槽循环指令(G75)的应用。

(2) 了解数控车床加工槽类零件的特点，能够正确地对槽类零件进行数控车削工艺分析。

(3) 通过对槽类零件的加工，掌握数控车床子程序的编程技巧。

8.2　知 识 学 习

8.2.1　端面(外圆)切槽指令(G01)

端面(外圆)切槽指令既可以用于端面切槽，又可以用于外圆切槽；切槽刀以一定的进给速度，从当前所在位置沿直线移动到指令给出的目标位置。

端面切槽指令格式：

　　G01　Z(W)__　F__;

外圆切槽指令格式：

　　G01　X(U)__　F__;

其中：F 为切削进给速度，单位为 mm/r 或 mm/min。

说明：

使用端面(外圆)切槽指令(G01)时，可以采用绝对坐标编程，也可以采用增量坐标编程。当采用绝对坐标编程时，数控系统在接受 G01 指令后，刀具将移至坐标值为 X、Z 的点上；当采用增量坐标编程时，刀具将移至距当前点的距离为 U、W 值的点上。

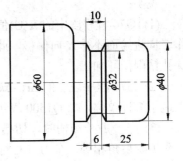

图 8-2　径向槽加工示例

例如，使用 G01 指令编写如图 8-2 所示工件的沟槽加工程序(设所用切槽刀的刀宽为 3 mm)如下：

⋮

G00　X42.0　Z–28.0;	(切槽刀快速定位到切槽起点)
G01　X32.0　F0.2;	(第一次切槽)
G00　X42.0;	(快速退刀)
G00　Z–31.0;	(快速定位)
G01　X32.0　F0.2;	(第二次切槽)
G00　X42.0;	(快速退刀)
G00　X100.0　Z100.0;	(切槽刀快速返回至换刀点)

⋮

8.2.2　端面切槽循环指令(G74)

端面切槽循环指令一般用来加工端面槽，因为其具有端面纵向断续切削能力，所以可实现断屑切槽加工。该指令还能采用往复式排屑进行深孔钻削加工，故又被称为啄式深孔钻削循环指令。

格式：

G74　Re;

G74　X(U)__　Z(W)__　PΔi　QΔk　RΔd　F__;

其中：e 为刀具退刀量；X(U)、Z(W) 为切槽终点坐标；Δi 为刀具完成一次轴向切削后，在 X 方向上的移动量，该值用不带符号的半径量表示；Δk 为刀具在 Z 方向上的每次切深量，用不带符号的值表示；Δd 为刀具在切削底部的 X 方向上的退刀量。

G74 指令循环动作轨迹如图 8-3 所示。

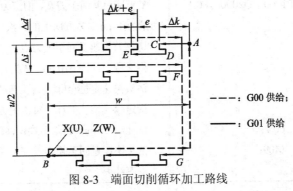

图 8-3　端面切削循环加工路线

说明:

(1) G74 程序段中的 X(U)值可省略。当省略 X(U)及 P 时,在循环执行过程中,刀具仅作 Z 向进给而不作 X 向偏移。此时,刀具作往复式排屑运动进行断屑处理,用于端面啄式深孔钻削循环加工。

(2) G74 程序段中的 Δi、Δk 值,在 FANUC 0i 系统中,不能输入小数点,而应直接输入最小编程单位,如 Q1500 表示轴向每次切深量为 1.5 mm。

(3) 车一般外沟槽时,切槽刀从外圆切入,所切沟槽的几何形状与切槽刀相同,切槽刀两侧副后角相等,车刀左右对称。但车端面槽时,切槽刀的刀尖点 A 处于车孔状态,为了避免切槽刀的副后刀面与工件沟槽的大圆弧面相干涉,刀尖 A 处的副后刀面必须根据端面槽圆弧的大小磨成圆弧形,并保证一定的后角(如图 8-3 所示)。

例如,试用 G74 指令编写如图 8-4 所示工件的切槽及钻孔加工程序,要求在车床上钻削直径为 10 mm、深为 100 mm 的深孔,切槽刀的刀宽为 3 mm。

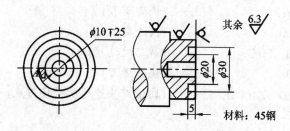

图 8-4 端面槽加工示例

端面槽加工程序如表 8-1 所示。

表 8-1 端面槽加工程序

程　序	说　明
O0801;	程序名
G99　G21　G40;	程序初始化
T0101;	换 1 号切槽刀
M03　S500;	主轴正转,转速为 500 r/min
G00　X100.0　Z100.0　M08;	刀具至目测安全位置
G00　X20.0　Z1.0;	切槽刀快速定位至切槽循环起点
G74　R0.3;	端面切槽循环,每次退刀量为 0.3 mm
G74　X24.0　Z−5.0　P1000　Q2000　F0.1;	X 坐标相差两个刀宽,槽深为 5.0 mm,X 方向上的移动量为 1 mm,Z 方向上的每次切深量为 2 mm
G00　X100.0　Z100.0;	切槽刀快速返回至换刀点
T0202;	换 2 号刀,即 ∅10 mm 钻头
G00　X0.0　Z1.0;	钻头快速定位至啄式钻孔循环起点
G74　R0.3;	指定啄式钻孔循环,每次退刀量为 0.3 mm
G74　Z−28.0　Q5000　F0.1;	钻孔深 25 mm(扣除钻尖),每次钻深为 5 mm
G00　X100.0　Z100.0　M09;	钻头快速返回至换刀点
M30;	程序结束

8.2.3　内(外)圆切槽循环指令(G75)

内(外)圆切槽循环指令是在工件的径向上，采用进退切削加工方式，车削沟槽的一种切槽指令，适用于在内(外)圆表面上进行较深的沟槽切削加工或切断加工。

格式：

　　G75　Re；

　　G75　X(U)__　Z(W)__　PΔi　QΔk　RΔd　F__；

其中：e 为刀具退刀量；X(U)、Z(W) 为切槽终点坐标；Δi 为刀具 X 方向上的每次切深量，用不带符号的半径量表示；Δk 为刀具完成一次径向切削后，在 Z 方向上的移动量，用不带符号的值表示；Δd 为刀具在切削底部的 Z 方向上的退刀量，无要求时可省略，Δd 的符号总是正号(+)。

G75 指令循环动作轨迹如图 8-5 所示。

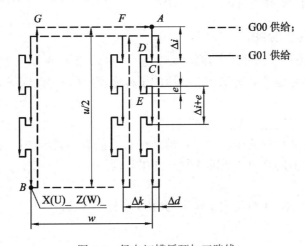

图 8-5　径向切槽循环加工路线

说明：

(1) G75 程序段中的 Z(W) 值可省略或设定为 0。当 Z(W) 值设定为 0 时，在循环执行过程中，刀具仅作 X 向进给而不作 Z 向偏移。

(2) G75 程序段中的 Δi、Δk 值，在 FANUC 0i 系统中，不能输入小数点，而应直接输入最小编程单位，如 P1500 表示径向每次切深量为 1.5mm。

注意事项：

(1) 在 FANUC 0i 系统中，当出现以下情况而执行切槽固定复合循环(G74、G75)时，将会出现报警。

① X(U)或 Z(W)指定，而 Δi 或 Δk 未指定或指定为 0。

② Δk 值大于 Z 轴的移动量(w)或 Δk 值设定为负值。

③ Δi 值大于 $u/2$ 或 Δi 值设定为负值。

④ 退刀量大于进刀量，即 e 值大于每次切深量 Δi 或 Δk。

(2) 由于 Δi 和 Δk 为无符号值，因此刀具切深完成后的偏移方向由数控系统根据刀具起刀点及切槽终点的坐标自动判断。

(3) 切槽过程中，刀具或工件受较大的单方向切削力，容易在切削过程中产生振动，因此，切槽加工中进给速度 F 的取值应略小(特别是在端面切槽时)，通常取 0.1~0.2 mm/r。

例如，使用 G75 指令编写如图 8-2 所示工件的沟槽加工程序(设所用切槽刀的刀宽为3 mm)如下：

    ⋮

    G00   X42.0   Z−28.0；   (切槽刀快速定位到切槽循环起点)

    G75   R0.3；   (指定径向切槽循环，切槽刀每次退刀量为 0.3 mm)

    G75   X32.0   Z−31.0   P1500   Q2000   F0.1； (Z 方向上移动 2 mm，X 方向的每
                                       次切深量为 1.5 mm)

    G00   X100.0   Z100.0；   (切槽刀快速返回至换刀点)

    ⋮

8.2.4　子程序有关指令(M98、M99)

1. 子程序调用指令(M98)

在 FANUC 0i 系统中，子程序的调用可以通过辅助功能指令 M98 进行，同时在调用格式中将子程序的程序号地址 O 改为 P。常用的子程序调用格式有以下两种。

格式一：

    M98   P＿＿＿＿＿   L＿＿＿＿＿；

其中：地址符 P 后的 4 位数为子程序号；地址符 L 后的数字表示重复调用子程序的次数；子程序号及调用次数前的 0 可以省略不写。如果只调用子程序一次，则地址符 L 及其后的数字可以省略不写。

例如，"M98　P123　L5；"表示调用 O0123 子程序 5 次。

格式二：

    M98   P＿＿＿＿＿＿＿＿；

其中：地址符 P 后的 8 位数中，前 4 位表示调用子程序次数，后 4 位表示子程序号。采用这种格式调用子程序时，调用次数前的 0 可以省略不写，但子程序号前的 0 不可省略。

例如，"M98　P60015；"表示调用 O0015 子程序 6 次。

说明：

在 FANUC 0i 系统中，同一个子程序可被多次调用，用一次调用指令可以重复调用子程序 9999 次。在加工过程中，可以有多个子程序，并允许被主程序多次调用。子程序是由主程序或上层子程序调出并执行的，子程序调用次数的默认值为 1。

2. 子程序结束指令(M99)

子程序结束指令(M99)表示子程序或宏程序结束，自动返回到调用该子程序或宏程序的主程序 M98 的下一程序段，并继续执行主程序。该指令除常用于指定子程序或宏程序结束，返回主程序外，还具有以下功能。

(1) 子程序返回到主程序中的某一程序段。

如果在子程序结束指令 M99 中加上 Pn 指令，则子程序在返回主程序时，将返回到主程序中程序段号为 n 的那个程序段，而不直接返回主程序。例如，"M99　P100"表示返回

到主程序的 N100 程序段，继续执行主程序。

(2) 自动返回到主程序开始程序段。

如果在主程序中执行到 M99 指令，则程序将返回到主程序的开始程序段并继续执行主程序。也可以在主程序中插入 M99 Pn，用于返回到指定的程序段。为了能够执行该程序段后面的程序，通常在该程序段前加"/"，以便在不需要返回执行时，跳过该程序段。

(3) 强制改变子程序重复执行的次数。

用 M99 L__指令可强制改变子程序重复执行的次数，其中 L 表示子程序调用的次数。例如，如果主程序有 M98 P__ L99 指令，而子程序采用 M99 L2 指令返回主程序，则子程序重复执行的次数由 99 次强制改变为 2 次。

3. 编写子程序的注意事项

(1) 在编写子程序的过程中，最好采用增量坐标方式进行编程，以避免失误。当然，也可以采用绝对坐标方式进行编程。

(2) 在刀尖圆弧半径补偿模式中的程序不能被分割。例如：

O0001；	（主程序号）
⋮	
G41 …；	（建立刀尖半径左补偿）
M98 P2；	（调用 O0002 子程序 1 次）
G40 …；	（取消刀尖半径补偿）
⋮	
M30；	

O0002；	（子程序号）
⋮	
M99；	

在以上程序中，刀尖圆弧半径补偿模式在主程序中被"M98 P2；"分割而无法执行，在编程过程中应该避免这种形式的程序。正确的编程方法应当是把刀尖圆弧半径补偿模式放到子程序中编写。其编写格式如下：

O0001；	（主程序号）
⋮	
M98 P2；	（调用 O0002 子程序 1 次）
⋮	
M30；	

O0002；	（子程序号）
G41 …；	（建立刀尖半径左补偿）
⋮	
G40 …；	（取消刀尖半径补偿）
M99；	

(3) 子程序中一般只编写工件轮廓(即刀具运动轨迹)，不允许编入机床状态指令(如 G50、S、M03 等)。

8.3 工艺分析

8.3.1 零件工艺分析

图 8-1 所示槽类零件的 6 个直槽的形状、尺寸完全相同，可以采用子程序编写直槽的加工程序，然后通过主程序调用子程序来简化程序编写。工件用三爪自定心卡盘装夹。根据工件坐标系建立原则，将工件坐标系原点设定在其装夹后的工件右端面轴线上。

8.3.2 工艺方案

1. 刀具的选择

该零件需要加工外圆面、直槽，采用外圆车刀和 3 mm 切槽刀就可以完成该零件的加工。根据加工要求，选用的刀具见表 8-2。

表 8-2　刀具选择表

产品名称或代号		课内实训样件	零件名称	切槽零件	零件图号		8-1
序　号	刀具号	刀具名称	数　量	加工表面	刀具半径R/mm	刀具补偿号	备　注
1	T01	95°外圆车刀	1	粗精车各外圆面	0.4	01	
2	T02	切槽刀	1	车削6个5×2直槽	B = 3 mm	02	
编制		审核		批　准		共1页	第1页

2. 切削用量的选择

零件加工材料为 45 钢，硬度较高，切削力较大，切削速度应选择低些。根据加工要求，切削用量的选择见表 8-3。

表 8-3　切削用量表

单位名称	×××××	产品名称或代号		零件名称	零件图号
		课内实训样件		切槽零件	8-1
工序号	程序编号	夹具名称	使用设备	数控系统	场　地
008	O0802 O0803	三爪卡盘	数控车床 CKA6140	FANUC 0i Mate	数控实训中心 机房、车间
工步号	工步内容		刀具号	刀具规格 /mm	主轴转速 n/(r/min)	进给量 f/(mm/min)	背吃刀量 /mm	备　注
---	---	---	---	---	---	---	---	---
01	车端面(手动)		T0101		500	0.2	1~2	
02	粗车外轮廓，留 0.3 mm 精加工余量		T0101		800	0.2	1.5	
03	精车外轮廓		T0101		1200	0.1	0.3	
04	加工直槽		T0202	B = 3	400	0.08	3	
编制		审核		批　准		共 1 页	第 1 页	

8.4 程序编制

用子程序编程方式编写如图 8-1 所示典型案例中活塞杆的加工主程序和子程序，见表 8-4。

表 8-4　数控加工程序

仿真加工视频

程　序	说　明
主程序	
O0802；	主程序名
N010　G99　G21　G40；	程序开始部分
N020　T0101；	
N030　M03　S800；	
N040　G00　X100.0　Z100.0　M08；	
N050　X41.0　Z2.0；	
N060　G71　U1.5　R0.3；	采用外径粗车循环加工工件右端外轮廓
N070　G71　P080　Q140　U0.3　W0.0　F0.2；	
N080　G01　G42　X0.0　F0.1　S1200；	精加工轮廓描述，程序段中的 F 和 S 为精加工时的 F 和 S 值
N090　G01　Z0.0；	
N100　G03　X30.0　Z−15.0　R15.0；	
N110　G01　Z−66.0；	
N120　X34.0　Z−73.0；	
N130　Z−80.0；	
N140　G01　G40　X41.0；	
N150　G70　P080　Q140；	精加工右端轮廓
N160　G00　X100.0　Z100.0；	
N170　T0202；	换切槽刀，刀宽为 3mm
N180　M03　S600；	
N190　G00　X31.0　Z−63.0；	切槽循环起点位置
N200　M98　P60803；	调用 O0803 子程序 6 次
N210　G00　X100.0　Z100.0；	
N220　M05　M09；	
N230　M30；	程序结束
子程序	
O0803；	子程序名
N010　G75　R0.3；	指定径向切槽循环，每次退刀量为 0.3 mm
N020　G75　U−5.0　W2.0　P1500　Q2000　F0.1；	Z 方向上移动 2 mm，X 方向的每次切深量为 1.5 mm
N030　G01　W6.0　F0.1；	切槽当前位置 Z 向偏移 6 mm
N040　M99；	子程序结束，返回主程序

8.5 拓 展 训 练

在 FANUC 0i Mate-TC 数控车床上加工如图 8-6 所示的零件，设毛坯是 $\phi50$ mm 的棒料，材料为 45 钢，编制该零件数控加工程序并完成零件的加工。

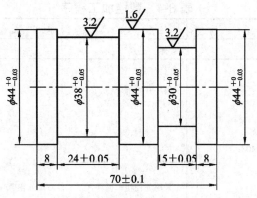

图 8-6 拓展训练零件图

✦✦✦ 自 测 题 ✦✦✦

1. 选择题

(1) 子程序调用指令"M98 P50412"的含义为( )。

A. 调用 504 号子程序 12 次 　　　　B. 调用 0412 号子程序 5 次

C. 调用 504 号子程序 2 次 　　　　　D. 调用 412 号子程序 50 次

(2) 程序段前加符号"/"表示( )。

A. 程序停止 　　B. 程序暂停 　　C. 程序跳跃 　　D. 单段运行

(3) 如果子程序的返回程序段为"M99 P100；"，则表示( )。

A. 调用子程序 O100 一次 　　　　　B. 返回子程序 N100 程序段

C. 返回主程序 N100 程序段 　　　　D. 返回主程序 O100

(4) 主程序和子程序的内容各不相同，但程序格式是( )的。

A. 不相同 　　B. 相同 　　　C. 不大相同 　　D. 可相同也可不同

(5) 以下指令中，作为 FANUC 系统子程序结束的指令是( )。

A. M30 　　　　B. M02 　　　　C. M17 　　　　D. M99

(6) 对于指令"G75 Re; G75 X(U)__ Z(W)__ PΔi QΔk RΔd F__；"中的"Re"，下列描述不正确的是( )。

　　A. 退刀量 　　B. 半径量 　　　C. 模态值 　　　D. 有正负值之分

(7) 对于指令"G75 Re; G75 X(U)__ Z(W)__ PΔi QΔk RΔd F__；"中的"PΔi"，下列描述不正确的是( )。

　　A. 每次切深量 　　B. 直径量 　　　C. 始终为正值 　　D. 不带小数点的值

2．判断题

（　　）(1) 固定循环指令也是一种子程序。

（　　）(2) G75 循环指令执行过程中，X 方向的每次切深量均相等。

（　　）(3) G75 指令执行中，Z 方向的偏移量应小于刀宽，否则在程序执行过程中会产生程序出错报警。

（　　）(4) FANUC 0i 系统主程序和子程序的程序名格式完全相同。

（　　）(5) FANUC 0i 系统指令"M98　P ＿＿＿＿＿　L ＿＿＿＿＿;"中省略了 L，则该指令表示调用子程序一次。

（　　）(6) FANUC 0i 系统中，子程序与子程序之间能实现无限层次的嵌套。

（　　）(7) 主程序由指定加工顺序、刀具运动轨迹和各种辅助动作的程序段组成，它是加工程序的主体结构。

（　　）(8) 在加工过程中，可以有多个子程序，并允许被主程序多次调用。

3．编程题

已知材料为 45 钢，外圆已经加工至 ϕ30 mm，编制如图 8-7 所示零件的加工程序，要求不等距槽部分程序采用子程序方式编程。

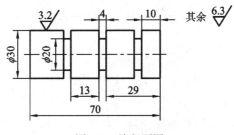

图 8-7　编程题图

自测题答案

项目 9　宏程序应用(一)

典型案例：在 FANUC 0i Mate 数控车床上加工如图 9-1 所示的零件，设毛坯是 ϕ30 mm×110 mm 的棒料，材料为 45 钢。

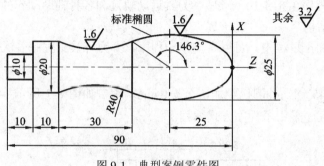

图 9-1　典型案例零件图

9.1　技　能　要　求

(1) 掌握 FANUC 0i Mate 数控系统宏程序的编制和使用方法；掌握非模态调用宏程序指令(G65)、模态调用宏程序指令(G66)、取消模态调用宏程序指令(G67)的应用。

(2) 了解数控车床加工椭圆零件的特点，并能够正确地对椭圆零件进行数控车削工艺分析。

(3) 通过对椭圆零件的加工，掌握数控车床宏程序的编程技巧。

9.2　知　识　学　习

9.2.1　宏程序的格式及调用

用户宏程序是 FANUC 数控系统及类似产品中的特殊编程功能。一组以子程序的形式存储并带有变量的程序称为用户宏程序，简称宏程序。

宏程序较大地简化了编程，扩展了应用范围，适合抛物线、椭圆、双曲线等没有插补指令的曲线编程；适合图形一样，只是尺寸不同的系列零件的编程；适合工艺路径一样，只是位置参数不同的系列零件的编程。

宏程序分为 A、B 两种。一般情况下，在一些较老的版本的 FANUC 系统(如 FANUC OTD 系统)的面板上没有 "+" "−" "*" "/" "=" "[ ]" 等符号，故不能进行这些符号输入，也不能用这些符号进行赋值及数学运算。所以，在这些系统中只能按 A 类宏程序进行编程。而在 FANUC 0i 及其后(如 FANUC 18i 等)的系统中，则可以输入这些符号并运用这些符号进行赋值及数学运算，即按 B 类宏程序进行编程。本书中只介绍 B 类宏程序。

1. 宏程序的格式

宏程序与子程序相似，程序号由英文字母 O 及其后的 4 位数字组成，以 M99 指令作为宏程序结束、返回主程序的标记。例如：

```
O0060;                      (宏程序号)
N10    #4=#1*SIN[#3];
N20    #5=#2*COS[#3];
N30    #6=#4*2;
N40    #8=#5−#2;
N50    G01  X#6  Z#8  F#9;
N60    #3=#3+0.01；
N70    IF [#3LE#7] GOTO 10;
N80    M99；                (宏程序结束，返回主程序)
```

2. 宏程序的调用

宏程序的调用包括子程序调用(M98)、非模态调用(G65)、模态调用(G66、G67)等。

1) 子程序调用(M98)

用指令 M98 调用宏程序的方法与调用子程序的方法相同，请读者参照项目 8 中有关子程序的调用章节，此处不再赘述。

2) 非模态调用(G65)

当指定 G65 时，以地址符 P 指定的宏程序被调用，数据将传递到宏程序体中。该指令必须写在程序段的句首。

格式：

    G65   Pp Ll <变量赋值>；

其中：p 为要调用的宏程序的程序号；l 为调用宏程序次数，省略 l 值时，认为调用一次宏程序；变量赋值用于将有关数据传递到宏程序的相应的局部变量中。

例如，"G65   P6000   L2   A10.0   B2.0；"表示调用 2 次程序号为 O6000 的宏程序，将数据 10.0 经变量引数 A 传递到宏程序的 #1 号变量中，即 #1=10；将数据 2.0 经变量引数 B 传递到宏程序的 #2 号变量中，即 #2=2。

3) 模态调用(G66、G67)

程序中一旦出现 G66 指令，则指定模态调用宏程序，即在沿坐标轴移动的程序段后，调用地址符 P 指定的宏程序。该指令必须写在程序段的句首。G67 指令用于取消模态调用宏程序。

格式：

    G66   Pp Ll <变量赋值>；
    …   (坐标轴移动程序段)

G67;   (取消模式)

其中：p 为要调用的宏程序的程序号；l 为调用宏程序次数，省略 l 值时，认为调用一次宏程序；变量赋值表示将有关数据传递到宏程序的相应的局部变量中。

在 G66 与 G67 之间要有坐标轴移动的程序段，否则不能调用宏程序。例如：

G66   P6000   L2   A10.0   B2.0；

G00   G90   Z–10.0；

X–5.0；

G67；

表示程序进行到 Z–10.0，调用 2 次程序号为 O6000 的宏程序，进行到 X–5.0，再调用 2 次程序号为 O6000 的宏程序；同时将数据 10.0 经变量引数 A 传递到宏程序的 #1 号变量中，即 #1=10；将数据 2.0 经变量引数 B 传递到宏程序的 #2 号变量中，即 #2=2；然后取消模式调用宏程序。

9.2.2 变量及变量的运算

1. 变量的表示和引用

1）变量的表示

一个变量由符号 # 和变量号组成，如 #I(I=1,2,3,…)。还可以用符号 # 和表达式表示变量，但其表达式必须全部写入"[ ]"中，如 #[表达式]。程序中的"( )"只用于注释语句。

例如，#5，#109，#501，#[#1+#2–12]。

2）变量的引用

跟随地址符后的数值用变量来代替的过程称为引用变量。

(1) 地址符后面指定变量号或表达式。表达式必须全部写入"[ ]"中。改变变量值的符号时，要把负号(–)放在 # 的前面。

格式：

　　　　<地址符>#I

　　　　<地址符>–#I

　　　　<地址符> [表达式]

例如：设 #103=15，则 F#103 为 F15；设 #110=250，则 Z–#110 为 Z–250；X[#24+#18*COS[#1]]为用含有变量的表达式代替数值。

(2) 变量号可用变量代替。

例如，设 #30=3，则 #[#30] 为 #3。

(3) 变量号所对应的变量，对每个地址来说，都有具体数值范围。

例如，#30=1100 时，则 M #30 是不允许的。

(4) 在程序中定义变量值时，可省略小数点。

例如，设 #123=149，则变量 #123 的实际值是 149.00。

3）变量的种类

变量分为空变量、局部变量、公共变量和系统变量四种。

(1) 空变量。#0 为空变量，该变量总是空，没有任何值能赋给该变量。没有定义变量值的变量也是空变量。

(2) 局部变量。局部变量(#1～#33)是在宏程序中局部使用的变量。局部变量只能用在宏程序中存储数据，例如运算结果。当断电时，局部变量被初始化为空变量，调用宏程序时自变量对局部变量赋值。即断电后清空，调用宏程序时代入变量值。

当宏程序 A 调用宏程序 B 而且都有变量 #1 时，由于变量 #1 服务于不同的局部，因此宏程序 A 中的 #1 与宏程序 B 中的 #1 不是同一变量，可以赋予不同的值，且互不影响。例如：

宏程序 A	宏程序 B
⋮	⋮
#10=20	X#10　(不表示 X20)
⋮	⋮

(3) 公共变量。公共变量(#100～#199、#500～#999)贯穿于整个程序过程，是各宏程序内公用的变量。公共变量在不同的宏程序中的意义相同。当断电时，变量#100～#199 初始化为空变量，变量 #500～#999 的数据保存，即使断电，也不丢失。

同样，当宏程序 A 调用宏程序 B 而且都有变量#100 时，由于#100 是公共变量，因此宏程序 A 中的 #100 与宏程序 B 中的 #100 是同一变量。例如：

宏程序 A	宏程序 B
⋮	⋮
#100=20	X#100　(表示 X20)
⋮	⋮

(4) 系统变量。系统变量(#1000～　　)用于读和写 CNC 运行时各种的数据，是固定用途的变量，其值取决于系统的状态。

例如，#2001 值为 1 号刀补 X 轴补偿值，输入时必须输入小数点，小数点省略时单位为 μm。

2. 变量的运算

B 类宏程序的运算指令与 A 类宏程序的运算指令有很大的区别，它的运算与数学运算相似，仍用数学符号来表示。常用运算指令有以下几种类型：

1) 定义、转换

格式：

　　#I=#j

例如，

　　#100=#1

　　#100=30.0

2) 算术运算

格式：

#I=#j+#k	(加法)
#I=#j - #k	(减法)
#I=#j*#k	(乘法)

#I=#j/#k   (除法)

例如,

#100=#1+#2

#100=#100.0−#2

#100=#1*#2

#100=#1/30

3) 逻辑运算

格式:

#I=#j OR #k   (或)

#I=#j XOR #k   (异或)

#I=#j AND #k   (与)

说明: 逻辑运算一位一位地按二进制执行。

4) 函数

FANUC 常用函数见表 9-1。

表 9-1　FANUC 常用函数

函数名称	函数代号	举　例
正弦	#I=SIN[#j]	#100=SIN[#1]
余弦	#I=COS[#j]	#100=COS[36.3+#2]
正切	#I=TAN[#j]	#100=TAN[#1]
反正弦	#I=ASIN[#j]	
反余弦	#I=ACOS[#j]	
反正切	#I=ATAN[#j]/[#k]	#100=ATAN[#1]/[#2]
四舍五入取整	#I=ROUND[#j]	
下取整	#I=FIX[#j]	
上取整	#I=FUP[#j]	
平方根	#I=SQRT[#j]	#100=SQRT[#1*#1−100]
绝对值	#I=ABS[#j]	
自然对数	#I=LN[#j]	
指数函数	#I=EXP[#j]	#100=EXP[#1]

说明:

(1) 函数 SIN、COS、ASIN、ACOS、TAN 和 ATAN 中的角度单位为度,分和秒要换算成度。

(2) 当算术运算或逻辑运算中包含 ROUND 函数时,则 ROUND 函数在第一个小数位置四舍五入。

例如,当执行 #1=ROUND[#2]时,若此处 #2=1.2345,则变量 1 的值为 1.0。

(3) 当程序语句的地址中使用 ROUND 舍入函数时,按各地址的最小设定单位进行四舍五入。

例如，设 #1=1.2345，最小设定单位为 1 μm，当执行 G01　X–#1 时，则移动 1.235 mm。

(4) CNC 处理数值运算时，若操作后产生的整数绝对值大于原数的绝对值，则上取整；若小于原数的绝对值，则下取整。对于负数的处理应特别小心。

例如，设 #1=1.2，#2=–1.2，若 #3=FUP[#1]，则 #3=2.0；若 #3=FIX[#1]，则#3=1.0；若#3=FUP[#2]，则 #3=–2.0；若#3=FIX[#2]，则#3=–1.0。

(5) 优先等级。在宏程序数学计算的运算中，运算的先后次序是：函数运算(SIN、COS、TAN、ASIN 等)，乘和除运算(*、/、AND 等)，加和减运算(+、–、OR、XOR 等)。

例如，"#1=#2+#3*SIN[#4]；"的运算次序为函数运算 SIN[#4]→乘和除运算#3*SIN[#4]→加和减运算#2+#3*SIN[#4]。

(6) 括号嵌套。括号用于改变运算次序，函数中的括号允许嵌套使用，但最多只允许嵌套五层。其中括号指中括号，而圆括号只用于注释语句，不能改变运算次序。

例如，"#1=SIN[[[#2+#3]*#4+#5]*#6]；"的运算次序(三重嵌套)为[#2+#3]→[[#2+#3]*#4+#5]→SIN[[[#2+#3]*#4+#5]*#6]。

9.2.3　变量的赋值

变量的赋值就是把一个常数或不含变量的表达式的值传给一个宏变量的过程。变量的赋值分为直接赋值和引数赋值两种。

格式：

　　宏变量 = 常数 或 表达式

1. 直接赋值

变量可以在操作面板上用 MDI 方式直接赋值，也可以在程序中用等式方式赋值，但等号左边不能用表达式。

例如，

　　#100=100.0；

　　#100=30.0+20.0；

2. 引数赋值

引数赋值是指宏程序以子程序方式出现，所用的变量在宏程序调用时赋值。

例如，

　　G65　P1000　X100.0　Y30.0　Z20.0　F0.1；

该处的 P 为宏程序名，X、Y、Z 不代表坐标功能，F 也不代表进给功能，而是对应于宏程序中的变量号，变量的具体数值由引数后的数值决定。引数与宏程序体中的变量的对应关系有两种，见表 9-2 及表 9-3。

这两种方法可以混用，根据使用的字母，系统自动决定变量赋值方法的类型，其中 G、L、N、O、P 不能作为引数地址符代替变量赋值。变量赋值方法 I 使用 A、B、C 各 1 次，I、J、K 各 10 次，用于传递诸如三维坐标变量的值。I、J 和 K 后的数字用于确定引数地址符指定的顺序，在实际编程中不写。

一般引数地址符不需要按字母顺序指定，但应符合字地址的格式，而 I、J 和 K 需要按字母顺序指定。如果变量赋值方法 I 和变量赋值方法 II 混合指定，则后指定的变量赋值方法有效。

表 9-2　变量赋值方法 I

引数	变量	引数	变量	引数	变量
A	#1	K3	#12	J7	#23
B	#2	I4	#13	K7	#24
C	#3	J4	#14	I8	#25
I1	#4	K4	#15	J8	#26
J1	#5	I5	#16	K8	#27
K1	#6	J5	#17	I9	#28
I2	#7	K5	#18	J9	#29
J2	#8	I6	#19	K9	#30
K2	#9	J6	#20	I10	#31
I3	#10	K6	#21	J10	#32
J3	#11	I7	#22	K10	#33

表 9-3　变量赋值方法 II

引数	变量	引数	变量	引数	变量
A	#1	I	#4	T	#20
B	#2	J	#5	U	#21
C	#3	K	#6	V	#22
D	#7	M	#13	W	#23
E	#8	Q	#17	X	#24
F	#9	R	#18	Y	#25
H	#11	S	#19	Z	#26

例如，变量赋值方法 I：

　　　　G65　P0030　A50.0　I40.0　J100.0　K0　I20.0　J10.0　K40.0；

经赋值后，#1=50.0，#4=40.0，#5=100.0，#6=0，#7=20.0，#8=10.0，#9=40.0。

变量赋值方法 II：

　　　　G65　P0020　A50.0　X40.0　F100.0；

经赋值后，#1=50.0，#24=40.0，#9=100.0。

变量赋值方法 I 和 II 混合使用：

　　　　G65　P0040　A50.0　D40.0　I100.0　K0　I20.0；

经赋值后，#1=50.0，由于 D40.0 与 I20.0 同时分配给变量 #7，则后一个变量赋值 I20.0 有效，所以变量#7=20.0，#4=100.0，#6=0。

9.2.4 转向语句

在宏程序中，使用转向语句可以改变控制程序的流向。转向语句中有三种转移和循环语句可供使用。

1. 无条件转移(GOTO 语句)

当程序中出现 GOTO 语句时，程序将无条件地转移到指定的顺序号 n 的程序段。其中顺序号 n 可用表达式(变量)指定。

格式：

GOTO　　n；

例如，"GOTO　1000；"表示当程序执行到该程序段时，将无条件地转移到 N1000 程序段执行；"GOTO　#10；"表示当程序执行到该程序段时，将无条件地转移到 N#10 程序段执行。

2. 条件转移(IF 语句)

1) IF［条件表达式］GOTO n

在程序执行过程中，当指定的条件表达式满足时，则程序转移到指定的顺序号 n 的程序段继续执行；当指定的条件表达式不满足时，则程序执行下一个程序段。

格式：

IF［条件表达式］GOTO n

条件表达式中必须包含有运算符，运算符插在两个变量或变量和常数之间，并且用括号([,])封闭起来。运算符由两个字母组成，用于两个值的比较，以决定它们是相等还是一个值小于或是大于另一个值。条件表达式的种类如表 9-4 所示。

表 9-4　条件表达式的种类

条　件	意　义	示　例
#j EQ #k	等于(=)	IF [#5 EQ #6] GOTO 100
#j NE #k	不等于(≠)	IF [#5 NE #6] GOTO 100
#j GT #k	大于(>)	IF [#5 GT #6] GOTO 100
#j LT #k	小于(<)	IF [#5 LT #6] GOTO 100
#j GE #k	大于等于(≥)	IF [#5 GE #6] GOTO 100
#j LE #k	小于等于(≤)	IF [#5 LE #6] GOTO 100

例如，计算自然数 1 到 10 的总和的程序如下：

O0001；　　　　　　　　　　　　　　　(程序号)

#1=0；　　　　　　　　　　　　　　　(和数变量的初值赋值)

#2=1；　　　　　　　　　　　　　　　(被加数变量的初值赋值)

N10　IF　[#2 GT 10]　GOTO　20；　(当被加数大于 10 时，则转移到 N20)

#1=#1 + #2；　　　　　　　　　　　　(计算和数)

#2=#2 + 1；　　　　　　　　　　　　(下一个被加数)

GOTO 10; (转移到 N10)

N20 M30; (程序结束)

2) IF [条件表达式] THEN

在程序执行过程中，当指定的条件表达式满足时，则执行一个预先决定的宏程序语句。格式：

IF [条件表达式] THEN

例如，

IF [#1 EQ #2] THEN #3=0;

表示如果 #1 和 #2 的值相等，就将 0 赋值给#3。

3. 循环(WHILE 语句)

在程序执行过程中，当指定的条件表达式满足时，则程序循环执行从 WHILE 到 END 之间的程序段 m 次；当指定的条件表达式不满足时，则程序执行 END m 之后的程序段。

格式：

WHILE [条件表达式] DO m; (m=1，2，3)

⋮

END m

⋮

例如，计算自然数 1 到 10 的总和的程序如下：

O0001; (程序号)

#1=0; (和数变量的初值赋值)

#2=1; (被加数变量的初值赋值)

WHILE [#2 LE 10] DO 1; (当被加数小于 10 时，则执行循环 1 次)

#1=#1+#2; (计算和数)

#2=#2+1; (下一个被加数)

END 1; (循环 1 次)

M30; (程序结束)

说明：如果在程序中省略 WHILE 语句，只有 DO m … END m，则程序段从 DO m 到 END m 之间形成死循环。WHILE 语句中，DO 后的数值 m 和 END 后的数值 m 都是指定程序循环次数的标号，m 只能在 1、2、3 这三个数中取一个，否则数控系统将产生报警。在程序中，WHILE 语句可以重复和嵌套使用(最多三层)，但不能出现交叉循环(DO 的范围重叠)。

9.2.5 与宏程序编程有关的问题

1. 基点、节点的计算

一个零件的轮廓往往由许多不同的几何元素组成，如直线、圆弧、二次曲线以及其他公式曲线等。构成零件轮廓的这些不同几何元素的连接点称为基点。如图 9-2 中的 A、B、C、D、E、F 和 G 等点都是该零件上的基点。显然，相邻基点间只能有一个几何元素。

当采用不具备非圆曲线插补功能的数控机床加工非圆曲线的零件时，在加工程序的编制过程中，常常需要用直线或圆弧去近似代替非圆曲线，即拟合处理。拟合线段的交点称为节点。如图 9-3 中的 P_1、P_2、P_3、P_4、P_5 等点为直线拟合非圆曲线时的节点。

在数控车床上用宏程序加工非圆曲线，实际上也是将该曲线细分成许多段后，用直线进行拟合形成的，故实际加工完成的非圆曲线是由许多极短的折线段构成的。

常用的基点计算方法有列方程求解法、三角函数法、计算机绘图求解法等。其中，列方程求解法、三角函数法主要通过运用数学基础知识采用手工计算的方法进行，通常用于简单直线和圆弧基点的计算，其计算过程较为复杂。计算机绘图求解法则通过计算机及其CAD 软件，用绘图分析的方法来求解基点和节点，这种方法主要用于复杂轮廓的基点或非圆曲线的节点的分析。这种分析方法避免了大量复杂的人工计算，操作方便，基点分析精度高，出错概率小，因此建议尽可能采用这种方法来分析基点与节点坐标。

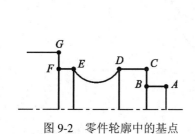

图 9-2　零件轮廓中的基点　　　　图 9-3　零件轮廓中的节点

2. 椭圆的近似画法

由于 G71 指令内不能采用宏程序进行编程，因此粗加工过程中常用圆弧来代替非圆曲线。采用圆弧代替椭圆的近似画法如图 9-4 所示，其操作步骤如下：

(1) 画出长轴 AB 和短轴 CD，连接 AC 并在 AC 上截取 AF，使其等于 AO 与 CO 之差 CE。

(2) 作 AF 的垂直平分线，使其分别交 AB 和 CD 于 O_1 和 O_2 点。

(3) 分别以 O_1 和 O_2 为圆心，O_1A 和 O_2C 为半径做出圆弧 AG 和 CG，该圆弧即为四分之一的椭圆。

(4) 用同样的方法画出整个椭圆。

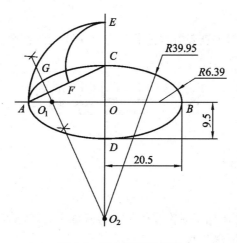

图 9-4　四心近似画椭圆

3. 椭圆编程的极角问题

椭圆曲线除了采用公式 "$X^2/a^2 + Y^2/b^2 = 1$" (其中 a 和 b 为半轴长度)来表示外，还可以采用参数方程 "$X = a\cos\alpha, Y = b\sin\alpha$" 来表示，其中 α 为椭圆参数方程的离心角。对于椭圆极坐标的极角 β，在编程中一定要特别注意，除了椭圆上四分点处的极角 β 等于参数方程的离心角 α 外，其余各点处的极角 β 与离心角 α 的角度均不相等，如图 9-5 所示。

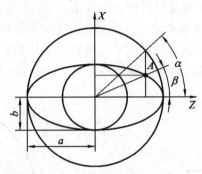

图 9-5　椭圆的极角与离心角

4. 指令 G71、G73 与宏程序

在 FANUC 0i 系统的固定循环中，内/外径粗车循环指令 G71 内部不能使用宏程序进行编程，而成型车削循环指令 G73 内部可以使用宏程序进行编程，但不能含有宏程序调用或子程序调用指令。采用 G73 指令进行宏程序编程时，刀具的空行程较多，为减少空行程，可先采用 G71 指令去除局部毛坯余量，然后运用 G73 指令进行加工。

5. 内椭圆加工

加工内椭圆时，对于所用刀具，应选择较大的副偏角，同时将后刀面磨成圆弧面，以防止副切削刃和后刀面与所加工表面发生干涉。

内椭圆编程时，由于其退刀余地较小，因此粗加工时在配有 FANUC 0i 系统的车床上不能采用 G73 指令进行编程，而只能采用 G71 指令用圆弧代替椭圆曲线进行编程。

6. 刀具补偿

宏程序中也可以采用刀尖圆弧补偿进行编程。采用刀尖圆弧补偿时，要特别注意引入补偿的时机。

9.3　工　艺　分　析

9.3.1　零件工艺分析

1. 零件工艺分析

(1) 图 9-1 所示的工件在加工时需采用掉头方式加工，首先加工工件左端部分，再掉头加工工件右端部分，并保证总长尺寸。

(2) 首先以毛坯轴线和右端面为定位基准，用普通车床加工毛坯左端 ϕ10 mm × 10 mm

和 $\phi20\,mm \times 10\,mm$ 圆柱面。再掉头用软爪加持 $\phi10\,mm$ 圆柱面，并以 $\phi20\,mm$ 圆柱端面为定位面，在数控车床上加工椭圆曲线。两次都使用三爪卡盘自定心夹紧的方式装夹。

(3) 确定编程原点。如图 9-1 所示，加工工件右端时，以完成加工后的工件右端面回转中心为编程原点。

2. 尺寸计算

如图 9-1 所示，该椭圆的方程为 "$X^2/12.5^2 + (Z+25)^2/25^2 = 1$"；该椭圆的参数方程表达式为 "$X = 12.5\sin\alpha, Z = 25\cos\alpha - 25$"，椭圆上各点坐标分别是 $(12.5\sin\alpha, 25\cos\alpha - 25)$，坐标值随离心角 α 的变化而变化，而离心角 α 又随极角 β 的变化而变化。角度 α 是自变量，每次角度增量为 $0.1°$，而坐标值 X 和 Z 是因变量。该椭圆离心角 α 的终止角度不等于图样上已知的椭圆极角角度 $146.3°$。经换算，该椭圆离心角 α 的终止角度应为 $126.86°$。

编写程序时，使用以下变量进行操作运算：

#1：椭圆 X 向半轴 A 的长度；

#2：椭圆 Z 向半轴 B 的长度；

#3：椭圆离心角起始角度；

#4：标准参数方程表达式中椭圆各点 X 坐标，$a\sin\alpha$；

#5：标准参数方程表达式中椭圆各点 Z 坐标，$b\cos\alpha$；

#6：椭圆上各点在工件坐标系中的 X 坐标；

#7：椭圆离心角的终止角度；

#8：椭圆上各点在工件坐标系中的 Z 坐标；

#9：进给速度。

3. 加工方案

(1) 采用圆弧代替椭圆粗车工件右端外轮廓(加工程序略)。

(2) 采用圆弧代替椭圆精车工件右端外轮廓(加工程序略)。

(3) 采用宏程序精加工椭圆曲面。

9.3.2 工艺方案

1. 刀具的选择

根据加工要求，选用的刀具见表 9-5。

表 9-5 刀具选择表

产品名称或代号		课内实训样件	零件名称	手柄零件	零件图号		9-1
序　号	刀具号	刀具名称	数　量	加工表面	刀具半径R/mm	刀具补偿号	备　注
1	T01	外圆车刀(刀尖55°)	1	车削椭圆曲面及外轮廓	0.4	01	
编　制		审　核		批　准		共1页	第1页

2. 切削用量的选择

采用外圆车刀精加工椭圆曲面，主轴转速为 1200 r/min，进给量为 0.1 mm/r。根据加工要求，切削用量的选择见表9-6。

表 9-6　切削用量表

单位名称	××××××	产品名称或代号		零件名称	零件图号
		课内实训样件		手柄零件	9-1
工序号	程序编号	夹具名称	使用设备	数控系统	场　地
009	O0901 O0902	三爪卡盘	数控车床 CKA6140	FANUC 0i Mate	数控实训中心 机房、车间
工步号	工步内容		刀具号	刀具规格 /mm	主轴转速 n/(r/min)	进给量 f/(mm/r)	背吃刀量 /mm	备　注
01	车削椭圆曲面及外轮廓		T0101		1200	0.1		
编制		审核		批　准		共1页		第1页

宏程序指令一般用于精加工，其加工余量不能太大。通常在精加工之前要进行去除余量的粗加工，粗加工时椭圆曲线可用圆弧拟合(粗加工程序略)。

9.4　程 序 编 制

图9-1所示典型案例工件右端加工主程序见表9-7。

表 9-7　典型案例工件右端加工主程序

程　　序	说　　明
O0901;	主程序名
G99　G21　G40;	
T0101;	精加工外圆车刀
M03　S1200;	主轴转速为 1200 r/min
G00　X100.0　Z100.0　M08;	
G00　X0.0　Z5.0;	刀具定位
G65　P0902　A12.5　B25.0　C0.0　D126.86　F0.1;	调用宏程序 O0902，并进行变量赋值：#1=12.5，#2=25.0，#3=0.0，#7=126.86，#9=0.1
G02　X20.0　Z−70.0　R40.0;	加工 R40.0 圆弧轮廓
G01　Z−75.0;	加工 ϕ20 mm 圆柱面
G00　X100.0　Z100.0;	
M05　M09;	
M30;	程序结束

图9-1所示典型案例精加工椭圆曲面宏程序见表9-8。

表 9-8   典型案例精加工椭圆曲面宏程序

程 序	说 明
O0902;	宏程序名
N10 #4=#1*SIN[#3];	标准参数方程中椭圆各点的 X 坐标
N20 #5=#2*COS[#3];	标准参数方程中椭圆各点的 Z 坐标
N30 #6=#4*2;	工件坐标系中椭圆各点的 X 坐标
N40 #8=#5−#2;	工件坐标系中椭圆各点的 Z 坐标
N50 G01 X#6 Z#8 F#9;	加工椭圆轮廓
N60 #3=#3+0.01;	椭圆离心角的角度增量为 0.01°
N70 IF [#3 LE #7] GOTO 10;	条件判断
N80 M99;	宏程序结束，返回主程序

9.5 拓 展 训 练

在 FANUC 0i Mate 数控车床上加工如图 9-6 所示的零件，设毛坯是 $\phi40$ mm 的棒料，长度为 110 mm，材料为 45 钢。

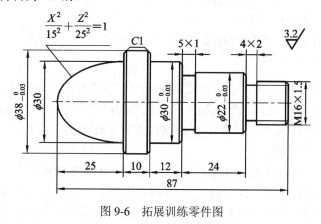

图 9-6   拓展训练零件图

◆◆◆ 自 测 题 ◆◆◆

1. 选择题

(1) 下列变量中，属于局部变量的是(   )。

A. #10   B. #100   C. #500   D. #1000

(2) 下列字母中，能作为引数替代变量赋值的字母是(   )。

A. M   B. N   C. O   D. P

(3) 通过指令"G65   P0030   A50.0   E40.0   J100.0   K0   J20.0;"引数赋值后，变量

#8=(   )。

A. 40.0   B. 100.0   C. 0   D. 20.0

(4) 指令"#1=#2+#3*SIN[#4];"中最先进行运算的是(   )。

A. 等于号赋值   B. 加和减运算

C. 乘和除运算   D. 正弦函数

(5) 指令"IF [#1 GE #100] GOTO 1000;"中的"GE"表示(   )。

A. $>$ B. $<$ C. $\geqslant$ D. $\leqslant$

(6) B 类宏程序用于开平方根的字符是(   )。

A. ROUND   B. SQRT   C. ABS   D. FIX

(7) 下列指令中，属于宏程序模态调用的指令是(   )。

A. G65   B. G66   C. G68   D. G69

(8) 在宏程序中，设 #2=−1.3，若#3=FUP[#2]，则#3=(   )。

A. 2.0   B. 1.0   C. −2.0   D. −1.0

(9) 下列变量在程序中书写有误的是(   )。

A. X−#100   B. Y[#1+#2]

C. SIN[−#100]   D. IF #100 LE 0

(10) 对坐标计算中关于"基点""节点"的概念，下面说法中错误的是(   )。

A. 各相邻几何元素的交点或切点称为基点

B. 各相邻几何元素的交点或切点称为节点

C. 逼近线段的交点称为节点

D. 节点和基点是两个不同的概念

2. 判断题

(   )(1) FANUC 0i 数控车复合固定循环指令中能进行宏程序的调用。

(   )(2) FANUC 0i 数控系统主程序和宏程序的程序名格式完全相同。

(   )(3) 当宏程序 A 调用宏程序 B 而且都有变量#100 时，宏程序 A 中的#100 与宏程序 B 中的#100 是同一变量。

(   )(4) 宏程序的格式类似于子程序的格式，以 M99 来结束宏程序，因此宏程序只能以子程序调用方法进行调用，即只能用 M98 进行调用。

(   )(5) 宏程序中变量可以用符号#和表达式进行表示，但其表达式必须全部封闭在圆括号"( )"中。

(   )(6) 在宏程序中，不能采用刀具半径补偿进行编程。

(   )(7) 指令"G65 P1000 X100.0 Y30.0 Z20.0 F100.0;"中的 X、Y、Z 并不代表坐标功能，F 也不代表进给功能。

(   )(8) 宏程序运算指令中函数 SIN、COS 等的角度单位是度，分和秒要换算成带小数点的度。

(   )(9) 宏程序运算指令中，函数中的括号允许嵌套使用，但最多只允许嵌套五层。

(   )(10) 宏程序指令"WHILE [条件表达式] DO *m*;"中的"*m*"表示循环执行 WHILE 与 END 之间程序段的次数。

3. 编程题

已知毛坯是 $\phi 45$ mm 的棒料，长度为 120 mm，材料为 45 钢，在 FANUC 0i Mate 数控车床上加工如图 9-7 所示的零件，编制数控加工程序并完成零件的加工。右端为抛物线，要求用宏程序方法编程。

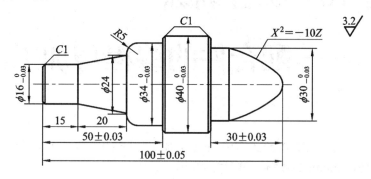

图 9-7　编程题图

项目 10 综合训练
——配合件的编程与加工(一)

典型案例：在 FANUC 0i Mate 数控车床上加工如图 10-1 和图 10-2 所示的轴套配合类零件，设毛坯是 $\phi45$ mm 的棒料，材料为 45 钢。

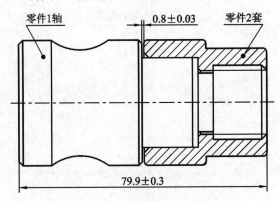

图 10-1 轴套配合类零件装配图

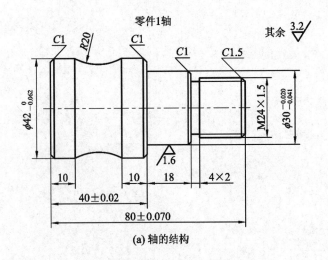

(a) 轴的结构

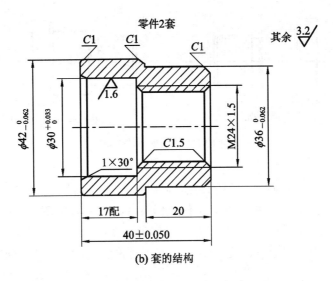

图 10-2　轴套配合类零件图

10.1　技 能 要 求

(1) 掌握圆柱、圆锥、螺纹类配合件的加工特点，并能合理使用各种编程指令安排加工工艺。

(2) 学会配合件加工及控制配合精度的方法。

10.2　工 艺 分 析

10.2.1　零件工艺分析

1. 零件工艺分析

该组合件主要由外圆、外螺纹、外槽、内孔、内螺纹组成，主要考核点为内外螺纹的互相配合。

1) 零件 1 轴

采用三爪自定心卡盘装夹，夹紧零件 1 毛坯，车端面，同时加工倒角，切槽，车螺纹。确定以工件右端面和轴心线的交点 O 为工件原点，建立 XOZ 工件坐标系，如图 10-3(a) 所示。

将零件掉头，找正 $\phi 30$ mm 的外圆，车端面至尺寸(确定以工件左端面与轴心线的交点 O 为工件原点，建立 XOZ 工件坐标系，如图 10-3(b)所示)。

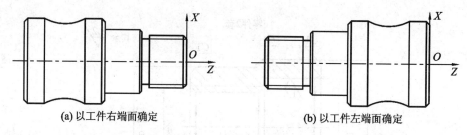

(a) 以工件右端面确定   (b) 以工件左端面确定

图 10-3   轴坐标系的确定

2) 零件 2 套

夹紧零件 2 毛坯，车端面，钻中心孔，同时钻 $\phi 20$ mm 的孔。确定以工件右端面和轴心线的交点 O 为工件原点，建立 XOZ 工件坐标系，如图 10-4(a)所示。

将零件掉头，找正 $\phi 36$ mm 的外圆，车端面至尺寸，同时车内螺纹(确定以工件左端面与轴心线的交点 O 为工件原点，建立 XOZ 工件坐标系，如图 10-4(b)所示)。

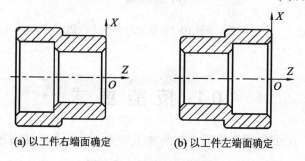

(a) 以工件右端面确定   (b) 以工件左端面确定

图 10-4   套坐标系的确定

2. 尺寸计算

1) 零件 1 轴的尺寸计算

$\phi 42_{-0.062}^{0}$ 外圆编程尺寸：

$$42 + \frac{0 + (-0.062)}{2} = 41.969 \text{ mm}$$

$\phi 30_{-0.041}^{-0.020}$ 外圆编程尺寸：

$$30 + \frac{-0.020 + (-0.041)}{2} = 29.969 \text{ mm}$$

M24×1.5 外螺纹尺寸：

外圆柱面的直径 $d_{实际} = d - 0.1P = 24 - 0.1 \times 1.5 = 23.85$ mm

外螺纹实际牙型高度 $h = 0.6495P = 0.6495 \times 1.5 = 0.974$ mm

外螺纹实际小径 $d_1 = d - (1.1\sim1.3)P = 24 - (1.1\sim1.3) \times 1.5 = 22.35\sim22.05$ mm

2) 零件 2 套的尺寸计算

$\phi 42_{-0.062}^{0}$ 外圆编程尺寸：

$$42 + \frac{0 + (-0.062)}{2} = 41.969 \text{ mm}$$

$\phi 36_{-0.062}^{0}$ 外圆编程尺寸：

$$36 + \frac{0 + (-0.062)}{2} = 35.969 \text{ mm}$$

$\phi 30_{0}^{+0.033}$ 内孔编程尺寸：

$$30 + \frac{0.033 + (0)}{2} = 30.0165 \text{ mm}$$

M24×1.5 内螺纹尺寸：

内螺纹底孔直径 $D_{\text{实际}} = D - P = 24 - 1.5 = 22.5 \text{ mm}$

内螺纹实际牙型高度 $h = 0.6495P = 0.6495 \times 1.5 = 0.974 \text{ mm}$

内螺纹实际大径 $D = 24 \text{ mm}$

内螺纹实际小径 $D_1 = D - (1.1 \sim 1.3)P = 24 - (1.1 \sim 1.3) \times 1.5 = 22.35 \sim 22.05 \text{ mm}$

3. 加工路线

1) 零件 1 轴的加工路线

(1) 车端面，粗车右端轮廓，留余量 0.5 mm。

(2) 精车右端各表面。

(3) 切槽至尺寸要求。

(4) 粗、精加工螺纹，加工至通规通、止规止。

(5) 掉头，车端面，粗车左端轮廓，留余量 0.5 mm。

(6) 精车左端各表面。

2) 零件 2 套的加工路线

(1) 车端面，钻中心孔。

(2) 钻孔，粗车右端轮廓，留余量 0.5 mm。

(3) 精车右端各表面。

(4) 镗右端孔倒角。

(5) 掉头，车端面，粗车左端轮廓，留余量 0.5 mm。

(6) 精车左端各表面到尺寸；精镗内轮廓，留余量 0.5 mm。

(7) 粗、精加工螺纹，加工至通规通、止规止。

10.2.2 工艺方案

1. 刀具的选择

根据加工要求，选用的刀具见表 10-1 和表 10-2。

表 10-1 轴加工选用的刀具

产品名称或代号	课内实训样件		零件名称	配合类零件(轴)		零件图号	10-1	
序 号	刀具号	刀具名称	数量	加工表面	刀具半径R/mm	刀具补偿号	备 注
1	T01	93°外圆车刀	1	轮廓粗加工	0.8	01	
2	T02	93°外圆车刀	1	轮廓精加工	0.2	02	
3	T03	外切槽刀	1	加工外螺纹退刀槽	$B = 4$ mm	03	
4	T04	外螺纹刀	1	加工外螺纹	0.2	04	
编制		审 核		批 准		共1页	第1页

表 10-2 套加工选用的刀具

产品名称或代号	课内实训样件		零件名称	配合类零件(套)		零件图号	10-1	
序 号	刀具号	刀具名称	数量	加工表面	刀具半径R/mm	刀具补偿号	备 注
1	T01	93°外圆车刀	1	轮廓粗加工	0.8	01	
2	T02	93°外圆车刀	1	轮廓精加工	0.2	02	
3	T03	镗孔车刀	1	加工内孔		03	
4	T04	内螺纹刀	1	加工内螺纹	0.2	04	
5		中心钻	1	钻中心孔	$\phi 3$ mm		
6		钻头	1	钻孔	$\phi 22$ mm		
编制		审 核		批 准		共1页	第1页

2．切削用量的选择

根据加工要求，切削用量的选择见表 10-3。

表 10-3 切削用量表

单位名称	××××××	产品名称或代号		零件名称		零件图号	
		课内实训样件		配合类零件		10-1	
工序号	程序编号	夹具名称	使用设备	数控系统		场 地	
010	O1001　O1002 O1003　O1004	三爪卡盘	数控车床 CKA6140	FANUC 0i Mate		数控实训中心 机房、车间	
工步号	工步内容		刀具规格 /mm	主轴转速 n/(r/min)	进给量 f/(mm/r)	背吃刀量 /mm	备 注
01	粗车内外轮廓			600	0.25	1.5	
02	精车内外轮廓			800	0.12	0.5	
03	镗内孔			500	0.25	1	
04	精镗内孔			800	0.12	0.5	
05	车削外螺纹			400	1.5(螺距)	0.3	
06	车削内螺纹			400	1.5(螺距)	0.3	
07	切槽			500	0.05		
08	切断			400	0.05		
编制		审 核		批 准		共1页	第1页

10.3 程序编制

图 10-1 和图 10-2 所示轴套配合类零件的数控加工程序见表 10-4~表 10-7。

表 10-4 零件 1 轴右端的加工程序

程　序	说　明
O1001;	零件 1 轴右端加工程序名
N05　G97　G99　M03　S600　F0.25;	
N10　T0101;	换 1 号刀
N15　M08;	
N20　G00　X45.0　Z2.0;	
N25　G71　U1.5　R0.5;	粗加工循环
N30　G71　P35　Q95　U0.5　W0.05;	精加工路线
N35　G00　X0;	
N40　G01　G42　Z0;	
N45　X21.0;	
N50　X23.8　Z−1.5;	
N55　Z−22.0;	
N60　X27.969;	
N65　X29.969　Z−23.0;	
N70　Z−40.0;	
N75　X39.969;	
N80　X41.969　Z−41.0;	
N85　Z−53.0;	
N90　X45.0;	
N95　G01　G40　X46.0;	
N100　G00　X100.0　Z2.0;	
N105　M09;	
N110　M05;	
N115　T0202;	换 2 号刀
N120　M03　S800　F0.12;	
N125　M08;	
N130　G00　X45.0　Z2.0;	
N135　G70　P35　Q95;	精加工循环
N140　G00　X100.0　Z100.0;	
N145　M09;	
N150　M05;	
N155　T0303;	换 3 号刀

仿真加工视频(轴右端)

程　　序	说　明
N160　M03　S500　F0.05;	
N165　M08;	
N170　G00　X31.0　Z−22.0;	
N175　G01　X23.9;	
N180　G01　X20.0;	切槽
N185　G04　X1.0;	
N190　G00　X100.0;	
N195　Z100.0;	
N200　M09;	
N205　M05;	
N210　T0404;	换 4 号刀
N215　M03　S400;	
N220　M08;	
N225　G00　X28.0　Z5.0;	
N230　G92　X23.2　Z−20.0　F1.5;	螺纹切削循环
N235　X22.6;	
N240　X22.2;	
N245　X22.05;	
N255　G00　X100.0　Z100.0;	
N260　M05;	
N265　M30;	程序结束

表 10-5　零件 1 轴左端的加工程序

程　　序	说　明
O1002;	零件 1 轴左端加工程序名
N05　G97　G99　M03　S600　F0.25;	
N10　T0101;	换 1 号刀
N15　M08;	
N20　G00　X45.0　Z2.0;	
N25　G71　U1.5　R0.5;	粗加工循环
N30　G71　P35　Q65　U0.5　W0.05;	精加工路线
N35　G00　X0;	
N40　G01　G42　Z0;	
N45　X39.969;	
N50　X41.969　Z−1.0;	
N55　Z−29.0;	
N60　X42.0;	

仿真加工视频(轴左端)

程 序	说 明
N65　G01　G40　X45.0；	
N70　G00　X100.0　Z2.0；	
N75　M09；	
N80　M05；	
N85　T0202；	换 2 号刀
N90　M03　S800　F0.12；	
N95　M08；	
N100　G00　X45.0　Z2.0；	
N105　G70　P35　Q65；	精加工循环
N110　G00　X100.0　Z2.0；	
N115　M09；	
N120　M05；	
N125　T0202；	换 2 号刀
N130　M03　S600　F0.12；	
N135　M08；	精加工循环
N140　G00　X45.0　Z−10.0；	
N145　G73　U2.68　W0　R4.0；	固定车削循环
N150　G73　P155　Q165　U1.0　W0.05；	固定车削循环
N155　G01　G42　X42.0；	精加工循环起点
N160　G02　X42.0　Z−30.0　R20.0　F0.12；	
N165　G01　G40　X42.0；	
N168　G00　X45　Z−10.0；	
N170　G70　P155　Q165；	
N175　G00　X100.0　Z100.0；	
N180　M05；	
N185　M30；	程序结束

表 10-6　零件 2 套右端的加工程序

程 序	说 明
O1003；	零件 2 套右端加工程序名
N05　G97　G99　M03　S600　F0.25；	
N10　T0101；	换 1 号刀
N15　M08；	
N20　G00　X45.0　Z2.0；	
N25　G71　U1.5　R0.5；	粗加工循环

仿真加工视频(套右端)

程　　序	说　　明
N30　G71　P35　Q75　U0.5　W0.05；	精加工路线
N35　G00　X0；	
N40　G01　G42　Z0；	
N45　X33.969；	
N50　X35.969　Z−1.0；	
N55　Z−20.0；	
N60　X39.969；	
N65　X41.969　Z−21.0；	
N70　X45.0；	
N75　G01　G40　X46.0；	
N80　G00　X100.0　Z100.0；	
N85　M09；	
N90　M05；	
N95　T0202；	换 2 号刀
N100　M03　S800　F0.12；	
N105　M08；	
N110　G00　X45.0　Z2.0；	
N115　G70　P35　Q75；	精加工循环
N120　G00　X100.0　Z100.0；	
N125　M09；	
N130　M05；	
N135　T0303；	换 3 号刀
N140　M03　S500　F0.25；	
N145　M08；	
N150　G00　X23.0　Z2.0；	
N155　G01　G41　Z0；	左刀补
N160　X20　Z−1.5；	
N165　G00　Z2.0；	
N170　X25.05；	
N175　G01　Z0；	
N180　X20.05　Z−2.5；	
N185　G00　Z100.0；	
N189　X100.0；	
N195　M05；	
N200　M30；	程序结束

表 10-7　零件 2 套左端的加工程序

程　序	说　明
O1004；	零件 2 套左端加工程序名
N05　G97　G99　M03　S600　F0.25；	
N10　T0101；	换 1 号刀
N15　M08；	
N20　G00　X45.0　Z2.0；	
N25　G71　U1.5　R0.5；	粗加工循环
N30　G71　P35　Q65　U0.5　W0.05；	精加工路线
N35　G00　X0；	
N40　G01　G42　Z0；	右刀补
N45　X39.969；	
N50　X41.969　Z−1.0；	
N55　Z−20.0；	
N60　X45.0；	
N65　G01　G40　X46.0；	
N70　G00　X100.0　Z100.0；	
N75　M09；	
N80　M05；	
N85　T0202；	换 2 号刀
N90　M03　S800　F0.12；	
N95　M08；	
N100　G00　X45.0　Z2.0；	
N105　G70　P35　Q65；	精加工循环
N110　G00　X100.0　Z100.0；	
N115　M09；	
N120　M05；	
N125　T0303；	换 3 号刀
N130　M03　S600　F0.25；	
N135　M08；	
N140　G00　X20.0　Z2.0；	
N145　G71　U1.5　R0.5；	粗加工循环
N150　G71　P155　Q190　U−0.5　W0.05；	
N155　G00　X31.171；	
N160　G01　G40　Z0；	精加工路线
N165　X30.017　Z−1.0；	
N170　Z−17.0；	
N175　X25.05；	
N180　X22.05　Z−18.5；	
N185　Z−41.0；	

仿真加工视频(套左端)

程　　序	说　　明
N190　G01　G40　X20.0;	
N205　G00　X100.0　Z100.0;	
N210　M09;	
N215　M05;	
N220　M03　S800　F0.12;	
N225　M08;	
N230　G00　X20.0　Z2.0;	
N235　G70　P155　Q190;	精加工循环
N240　G00　Z100.0;	
N245　X100.0;	
N250　M09;	
N255　M05;	
N260　T0404;	换 4 号刀
N265　M03　S400;	
N270　G00　X16.0　Z−12.0;	
N275　G92　X22.85　Z−42.0　F1.5;	螺纹加工循环
N280　X23.45;	
N285　X23.85;	
N295　X24.0;	
N300　G00　Z100.0;	
N305　X100.0;	
N310　M05;	
N315　M30;	程序结束

10.4　拓　展　训　练

在 FANUC 0i Mate 数控车床上加工如图 10-5 和图 10-6 所示的锥套配合类零件，设毛坯是 $\phi 40\,mm$ 的棒料，材料为 45 钢，编制数控加工程序并完成零件的加工。

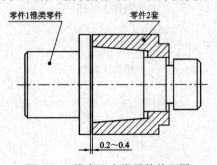

图 10-5　锥套配合类零件装配图

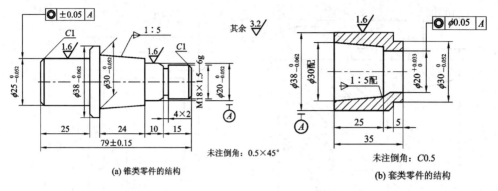

(a) 锥类零件的结构

未注倒角: 0.5×45°

(b) 套类零件的结构

未注倒角: C0.5

图 10-6　拓展训练零件图

✦✦✦ 自　测　题 ✦✦✦

1. 选择题

(1) 精车轮廓时，为保证零件加工面光洁度的一致性，应使用(　　)。

A. G94　　　　　　B. G95　　　　　　C. G96　　　　　　D. G87

(2) 单段运行功能有效时，(　　)。

A. 执行一段加工结束　　　　　　B. 执行一段保持进给

C. 连续加工　　　　　　　　　　D. 程序校验

(3) (　　)与虚拟制造技术一起，被称为未来制造业的两大支柱技术。

A. 数控技术　　　B. 快速成形法　　　C. 柔性制造系统　　　D. 柔性制造单元

(4) 精车 45 钢光轴应选用(　　)牌号的硬质合金车刀。

A. YG3　　　　　　B. YG8　　　　　　C. YT5　　　　　　D. YT15

2. 判断题

(　　)(1) 在数控车床上加工螺纹时，进给速度可以调节。

(　　)(2) 数控机床的控制功能是指其联动轴数。

(　　)(3) 机床回零后，显示的机床坐标位置一定为零。

(　　)(4) 切断实心工件时，工件半径应小于切断刀刀头长度。

(　　)(5) 套类工件因受刀体强度、排屑状况的影响，所以每次切削深度要少一点，进给量要慢一点。

3. 编程题

已知毛坯为 $\phi60$ mm×95 mm、$\phi55$ mm×45 mm 的棒料，材料为 45 钢，编制如图 10-7 和图 10-8 所示零件的加工程序。

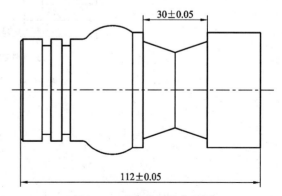

图 10-7　配合类零件装配图

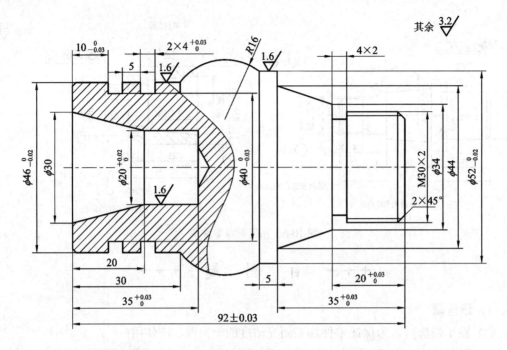

(a) 零件1的结构

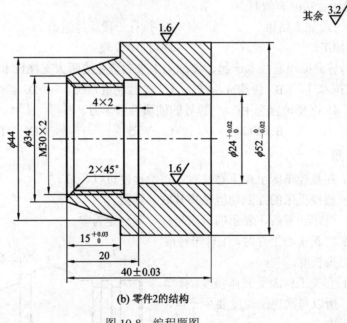

(b) 零件2的结构

图 10-8　编程题图

自测题答案

数控铣床（加工中心）编程篇

项目 11　数控铣床(加工中心)编程与加工入门

11.1　技　能　要　求

(1) 了解数控铣床(加工中心)的功能、分类，熟悉数控铣床(加工中心)的操作规程。

(2) 熟悉数控铣床的面板操作，掌握数控铣床仿真软件的操作过程。

11.2　知　识　学　习

11.2.1　数控铣床(加工中心)的功能、分类与操作规程

1. 数控铣床(加工中心)的功能

数控铣床主要采用铣削方式加工工件，其加工功能很强，能完成各种平面、沟槽、螺旋槽、成型表面、平面曲线、空间曲线等复杂型面的加工。配上相应的刀具后，数控铣床还可以用来对零件进行钻、扩、铰、锪孔和镗孔加工及攻螺纹等。如图 11-1 所示为数控铣床加工的典型零件。

图 11-1　数控铣床加工的典型零件

加工中心是在数控铣床的基础上发展起来的。早期的加工中心是指匹配有自动换刀装置和刀库并能在加工过程中实现自动换刀的数控镗铣床。所以它和数控铣床有很多相似之处，但是它的结构和控制系统要比数控铣床复杂得多。加工中心主要用于箱体类零件和复杂曲面类零件的加工。因为加工中心具有换刀功能及工作台自动交换装置(Automatic Tools Changer，ATC)，故工件经一次装夹后，可以实现零件的铣、钻、镗、铰、攻螺纹等多工序的

加工，从而大大提高了自动化程度和工作效率。如图 11-2 所示为加工中心加工的典型零件。

图 11-2　加工中心加工的典型零件

加工中心适宜于加工形状复杂、加工内容多、要求较高，需多种类型的普通机床和众多的工艺装备，且经多次装夹和调整才能完成加工的零件。加工中心主要加工对象有下列几种。

1) 既有平面又有孔系的零件

加工中心具有自动换刀装置，在一次安装中，可以完成零件上平面的铣削，孔系的钻削、镗削、铰削、铣削及攻螺纹等多工序的加工。加工的部位可以在一个平面上，也可以在不同的平面上。既有平面又有孔系的零件是加工中心首选的加工对象，这类零件常见的有箱体类零件和盘、套、板类零件。加工部位集中在单一端面上的盘、套、板类零件宜选用立式加工中心，加工部位不是位于同一方向表面上的零件宜选用卧式加工中心。

2) 结构形状复杂、普通机床难加工的零件

主要表面由复杂曲线、曲面组成的零件，加工时，需要多坐标联动加工，这在普通机床上是难以或无法完成的，而加工中心是加工这类零件的最有效的设备。这类零件常见的有凸轮类、整体叶轮类、模具类(如锻压模具、铸造模具、注塑模具及橡胶模具等)零件。

3) 外形不规则的异型零件

异型零件是指支架、拨叉这一类外形不规则的零件，这类零件大多要点、线、面多工位混合加工。由于异型零件外形不规则，普通机床上只能采取工序分散的原则加工，需较多工装，较长周期。而利用加工中心多工位点、线、面混合加工的特点，可以完成大部分甚至全部工序的加工。

4) 加工精度较高的中小批量零件

由于加工中心具有加工精度高、尺寸稳定的特点，因此加工精度较高的中小批量零件选用加工中心加工，容易获得所要求的尺寸精度和形状位置精度，并可得到很好的互换性。

由于数控铣床和加工中心有这样密切的联系，因此对于一般的指令和功能而言，二者是相同的。

2. 数控铣床(加工中心)的分类

1) 数控铣床的分类

(1) 数控铣床按其主轴位置的不同，分为立式数控铣床、卧式数控铣床、立卧两用数控铣床三类。

立式数控铣床的主轴轴线垂直于水平面。立式数控铣床在数量上一直占据数控铣床的大多数，应用范围也最广。小型立式数控铣床一般都采用工作台移动、升降及主轴不动方式；中型立式数控铣床一般采用纵向和横向工作台移动方式，且主轴沿垂向溜板上下运动；

大型立式数控铣床因为要考虑扩大行程、缩小占地面积及刚性等技术上的问题，往往采用龙门架移动方式，其主轴可以在龙门架的横向与垂向溜板上运动，而龙门架则沿床身作纵向运动。如图 11-3 所示为立式数控铣床。

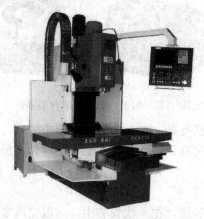

图 11-3　立式数控铣床

卧式数控铣床的主轴轴线平行于水平面。为了扩大加工范围和扩充功能，卧式数控铣床通常采用增加数控转盘或万能数控转盘来实现 4、5 坐标加工。这样不但工件侧面上的连续回转轮廓可以加工出来，而且可以实现在一次安装中，通过转盘改变工位，进行"四面加工"。尤其是万能数控转盘(或工作台)可以把工件上各种不同角度或空间角度的加工面摆成水平来加工。这样，可以省去很多专用夹具或专用角度成形铣刀。如图 11-4 所示为卧式数控铣床。

图 11-4　卧式数控铣床

立卧两用数控铣床的主轴方向可以更换，能达到在一台机床上既可以进行立式加工，又可以进行卧式加工，而同时具备上述两类机床的功能，其使用范围更广，功能更全，选择加工对象的余地更大。当生产批量小，品种较多，又需要立、卧两种方式加工时，用户只需购买一台这样的机床就可以解决问题。

(2) 数控铣床按控制系统的坐标轴数量的不同，分为 2.5 轴联动数控铣床、3 轴联动数控铣床、4 轴联动数控铣床、5 轴联动数控铣床四类。

2) 加工中心的分类

加工中心和数控铣床有很多相似之处，都能够进行铣削、钻削、镗削及攻螺纹等加工。其主要区别在于刀具库和自动刀具交换装置，加工中心是一种备有刀库并能通过程序或手动控制自动更换刀具对工件进行多工序加工的数控机床。

一般加工中心按主轴位置、换刀方式及工作台的不同进行分类。

(1) 加工中心按其主轴位置的不同，分为立式加工中心(如图 11-5 所示)、卧式加工中心(如图 11-6 所示)、龙门式加工中心(如图 11-7 所示)三类。

(2) 加工中心按换刀方式的不同，分为带机械手加工中心、无机械手加工中心、转塔刀库加工中心三类。

(3) 加工中心按工作台的不同，分为单工作台加工中心、双工作台加工中心、多工作台加工中心三类。

图 11-5　立式加工中心

图 11-6　卧式加工中心

图 11-7　龙门式加工中心

3. 数控铣床(加工中心)的操作规程

数控加工是一种先进的加工方法，与通用机床加工比较，数控机床自动化程度高；采用了高性能的主轴部件及传动系统；机械结构具有较高刚度和耐磨性；热变形小；采用高效传动部件(滚珠丝杠、静压导轨)；具有自动换刀装置。操作者除了掌握数控机床的性能，精心操作外，还要管好、用好和维护好数控机床，同时养成文明生产的良好工作习惯和严谨的工作作风，具有较好的职业素质、责任心和良好的合作精神。

为了正确合理地使用数控铣床(加工中心)、保证机床正常运转，必须制定比较完善的数控铣床(加工中心)操作规程。具体如下：

(1) 机床通电后，检查各开关、按钮和键是否正常、灵活，机床有无异常现象。

(2) 检查电压、气压、油压是否正常。有手动润滑的部位，先要进行手动润滑。

(3) 各坐标轴手动回零(机床参考点)。若某轴在回零前已在零位，必须先将该轴移动离零点一段距离后，再进行手动回零。

(4) 在进行工作台回转交换时，台面上、护罩上、导轨上不得有异物。

(5) 机床空运转应达 15 分钟以上，以利机床达到热平衡状态。

(6) 程序输入后，应认真核对，保证无误，其中包括对代码、指令、地址、数值、正负号、小数点及语法的查对。

(7) 按工艺规程安装并找正夹具。

(8) 正确测量和计算工件坐标系，并对所得结果进行验证和验算。

(9) 将工件坐标系输入到偏置页面，并对坐标、坐标值、正负号、小数点进行认真核对。

(10) 未装工件以前，空运行一次程序，看程序能否顺利执行，刀具长度选取和夹具安装是否合理，有无超程现象。

(11) 刀具补偿值(刀长、半径)输入偏置页面后，要对刀补号、补偿值、正负号、小数点认真进行核对。

(12) 装夹工具，注意螺钉压板是否妨碍刀具运动，检查零件毛坯和尺寸有无超常现象。

(13) 检查各刀头的安装方向及各刀具旋转方向是否符合程序要求。

(14) 查看刀具前后部位的形状和尺寸是否合乎程序要求。

(15) 镗孔刀头尾部露出刀杆的直径部分时，该直径部分必须小于刀尖露出刀杆的直径部分。

(16) 检查每把刀柄在主轴孔中是否都能拉紧。

(17) 无论是首次加工的零件，还是周期性重复加工的零件，首件都必须对照图样工艺、程序和刀具调整卡，进行逐段程序的试切。

(18) 单段试切时，快速倍率开关必须置于最低挡。

(19) 每把刀首次使用时，必须先验证它的实际长度与所给刀补值是否相符。

(20) 程序运行中，要观察数控系统上的坐标显示，可了解目前刀具运动点在机床坐标系和工件坐标系中的位置，以及程序段的位移量、还剩余多少位移量等。

(21) 程序运行中，要观察数控系统上的工作寄存器和缓冲寄存器显示，查看正在执行的程序段各状态指令和下一个程序段的内容。

(22) 程序运行中，要重点观察数控系统上的主程序和子程序，了解正在执行主程序段的具体内容。

(23) 试切进刀时，在刀具运行至工件表面 30～50 mm 处，必须在进给保持下，验证 Z 轴剩余坐标值和 X、Y 轴坐标值与图样是否一致。

(24) 对一些有试刀要求的刀具，采用"渐近"方法。例如，镗铣一小段长度，检测合格后，再镗铣到整个长度。使用刀具半径补偿功能的刀具数据可由小到大，边试边修改。

(25) 试切和加工中，刃磨刀具和更换刀具后，一定要重新测量刀长并修改好刀补值和刀补号。

(26) 程序检索时应注意光标所指位置是否合理、准确，并观察刀具与机床运动方向坐标是否正确。

(27) 程序修改后，对修改部分一定要仔细计算和认真核对。

(28) 手摇进给和手动连续进给操作时，必须检查各种开关所选择的位置是否正确，弄清正负方向，认准按键，然后进行操作。

(29) 全批零件加工完成后，应核对刀具号、刀补值，使程序、偏置页面、调整卡及工艺中的刀具号、刀补值完全一致。

(30) 从刀库中卸下刀具，按调整卡或程序清理编号入库。

(31) 卸下夹具，记录某些夹具的安装位置及方位，并存档。

(32) 清扫机床并将各坐标轴停在中间位置。

11.2.2 数控铣床面板操作

现以 FANUC 0i-MC 系统为例，介绍数控系统面板和机床操作面板两方面的内容。

1. 数控系统面板

FANUC 0i-MC 数控系统标准面板大体分为地址/数字键区、功能键区及屏幕显示区，如图 11-8 所示。(系统面板在项目 2 数控车床操作部分已做详细介绍，故此处省略。)

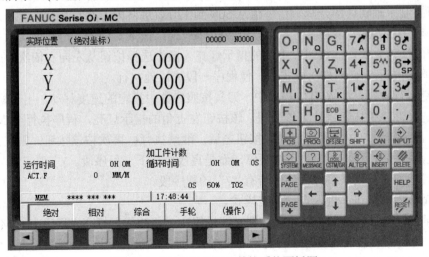

图 11-8　FANUC 0i-MC 数控系统面板图

2. 机床操作面板

机床操作面板主要由操作模式开关、主轴转速倍率调整开关、进给速度倍率调整开关、快速移动倍率开关以及主轴负载表、各种指示灯、各种辅助功能选项开关和手轮等组成。不同机床的操作面板，各开关的位置结构各不相同，但功能及操作方法大同小异。现以大连机床 FANUC 0i-MC 系统操作面板(图 11-9)为例，详细对各种功能键作以说明，仅供参考。

图 11-9　FANUC 0i-MC 操作面板

(1) 模式选择(MODE SELECTION)旋钮：用于选择数控系统的运行模式，沿顺时针方向从左向右依次为自动运行(AUTO)、编辑状态(EDIT)、手动数据输入(MDI)、网络数据控制(DNC)、手摇进给(HANDLE)、手动连续进给(JOG)、增量进给(INC)、回零(REF)。旋钮箭头指向其中的一个键，数控系统将进入相应的运行模式。

(2) 进给倍率(FEEDRATE OVERRIDE)旋钮：在 AUTO 模式中，用于选择程序中进给量的倍率。倍率值从 0% 到 150%(每格为 10%) 在实际加工中，根据加工的情况，可快速调节进给速度，达到满意的效果。

(3) 主轴倍率旋钮：在 AUTO 或 MDI 模式中，当 S 代码的主轴速度偏高或偏低时，可用该旋钮控制主轴转速的升降。倍率值从 50% 到 120%(每格为 10%)。

(4) 操作选择按钮 ⬛⬛⬛⬛⬛、⬛⬛⬛⬛⬛：按下其中的一个按钮，数控系统将进入相应的操作方式，该按钮左上角的指示灯亮。操作选择按钮从左向右依次为：

① 单段按钮：在 AUTO 模式下，使程序一段一段地执行。

② 空运行按钮：在 AUTO 模式中，刀具按照参数中指定的速度移动，用于检验程序。

③ 选择性停止按钮：按下该按钮，该按钮左上角的指示灯亮，程序执行至 M01 指令时将暂停，等待用户按"程序启动"按钮之后，继续执行；再次按该按钮，则取消选择性停止模式，程序执行至 M01 时不会暂停，而是直接执行下一程序段。

④ 跳选按钮：用于跳过程序中带有"/"的程序段。

⑤ 循环启动按钮：进入自动加工模式。

⑥ 辅助功能锁住按钮：按下该按钮，该按钮左上角的指示灯亮，程序中的 M 代码、S 代码和 T 代码将被忽略无效，该功能常与机械锁定按钮联用，以检查程序是否正确。该按钮对 M00、M01、M02、M30、M98、M99 无效。

⑦ 机械锁定按钮：三轴机械被锁定，无法移动，但程式指令坐标仍会显示。

⑧ Z 轴锁住按钮：在自动运转时，Z 轴机械被锁定。

⑨ 示教按钮：用于在手动进给试切削时编写程式。

⑩ 坐标系设定按钮：用于手动设定临时坐标系。

(5) 辅助功能按钮：⬛、⬛用于机床排屑丝杠的正、反转启停；⬛用于冷却液泵的启停； 为 M30 自动断电开关； 为照明灯开关。

(6) 快速移动倍率按钮 ：用于设定 G00 指令中的快速移动速度，也可配合 加速按键，实现手动状态下对机床各轴的快速移动。

(7) 进给方向选择按钮 、、、、、：在 JOG 模式中，用于选择机床移动的进给方向。

(8) 回零使动按钮 ：在 REF 模式中，选择需回零的坐标轴，然后按下回零使动按钮，执行该轴的回零动作。

(9) 超程解除按钮 ：当机床某个坐标轴出现超程时，在手动状态下，同时按下该按钮及超程坐标轴的反向移动按钮，即可将该轴移出硬限位。

(10) 主轴旋转按钮 ：分别用于对主轴进行准停、正转、停止、反转。

(11) 机床系统开关 ：实现机床系统面板的通电启动、断电停止。

(12) 循环按钮 ：在 AUTO 或 MDI 模式中，当程序编制结束需要运行时，点击 CYCLE START 按钮程序开始循环，点击 FEED HOLD 按钮程序暂停循环。

(13) 急停按钮 ：使机床紧急停止。当机床出现危险情况时，按下急停按钮，机床立即停止运动；危险解除后，按箭头方向旋转，该按钮即可自动弹起。

(14) 手轮(也称为手摇脉冲发生器) ：用于手轮进给。其具体功能如下：

① 手轮模式下控制机床移动。

② 手轮逆时针旋转，机床向负方向移动；手轮顺时针旋转，机床向正方向移动。

③ 手轮每旋转刻度盘上的一格，机床根据所选择的移动倍率移动一个单位。不断旋转手轮，则机床根据所选择的移动倍率进行连续移动(移动的最小单位为 0.1 mm、0.01 mm、0.001 mm 等三个挡位)。

11.2.3　数控铣床仿真软件入门

下面以一个典型零件为例介绍北京市斐克科技有限责任公司的"VNUC"数控铣床仿真软件的操作过程。

1. 零件图及坐标系的建立

铣削平面的外轮廓的尺寸及坐标系的建立如图 11-10 所示。

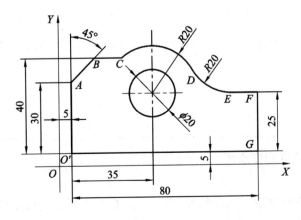

图 11-10　典型零件

2. 编制加工程序

根据所设计的零件图中的各尺寸坐标编写相应的程序，见表 11-1。利用文本文档编写后的程序格式为".txt"，也可另存为".cut"格式。使用 VNUC5.0 仿真软件中的加载功能加载该程序。

仿真加工视频

表 11-1 零件加工程序

程　序	说　明
O1101；	程序名
N010　G21　G54　G90；	
N020　S2000　M03；	
N030　G00　Z100.0；	
N040　G00　X−20.0　Y−20.0；	
N050　G00　Z10.0；	
N060　G01　Z−5.0　F100；	
N070　G41　G01　X5.0　Y−10.0　D01；	建立刀具半径补偿
N080　Y35.0；	
N090　X15.0　Y45.0；	
N100　X26.8；	
N110　G02　X57.3　Y35.0　R20.0；	
N120　G03　X74.6　Y30.0　R20.0；	
N130　G01　X85.0　Y30.0；	
N140　Y5.0；	
N150　X−10.0；	
N160　G01　G40　X−20.0　Y−20.0；	取消刀具半径补偿
N170　G00　Z100.0；	
N180　M05；	
N190　M30；	程序结束

3. VNUC 仿真软件操作步骤

1) 开启仿真软件

开启 VNUC 仿真软件后，出现如图 11-11 所示的仿真系统的操作界面。

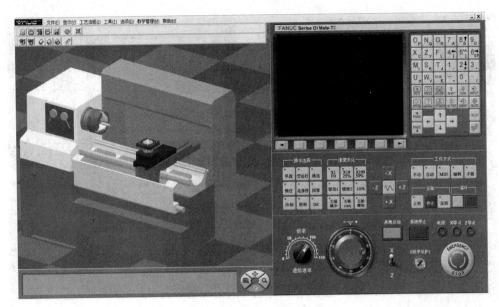

图 11-11　仿真软件启动界面

2) 选择机床和数控系统

在"选项"里选择"选择机床与数控系统",选择所需要的机床类型、数控系统、机床面板(这里以三轴立式加工中心、FANUC 0i-MC 系统和大连机床操作面板为例进行介绍),如图 11-12 所示。

图 11-12　选择机床和数控系统

3) 软件操作准备工作

如图 11-13 所示,首先点击"系统启动"按钮,系统开启;然后点击急停按钮"STOP",按钮将明显变大,表示急停按钮处于工作状态;将模式选择旋钮调到"REF"处,点击 X、Y、Z,使三个坐标均处于回零准备状态;点击回零使动按钮,使各轴依次回到各自零点,回零后,相应的指示灯将亮起。各准备工作完成后可进入下一步操作。

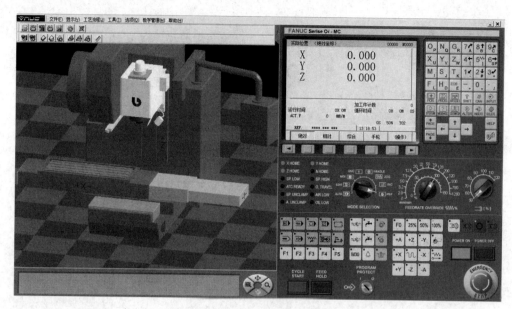

图 11-13　机床开机回零初始状态

4) 输入程序

将模式选择旋钮调到"EDIT"处，点击"PROG"进入程序输入界面。可在此界面下输入相应零件的程序，也可利用该仿真系统的加载功能，直接将编辑好的程序加载到系统中(如图 11-14 所示)。

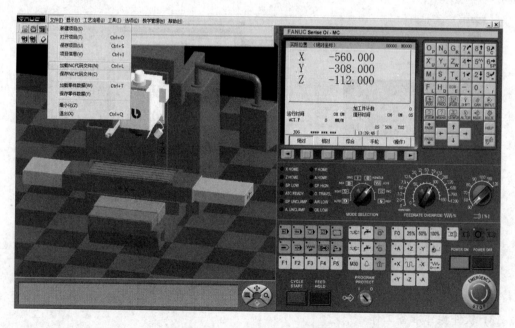

图 11-14　直接加载 NC 程序

5) 选择刀具及毛坯

根据编辑的程序和铣削面的要求选择合理的刀具和毛坯。

毛坯的参数如图 11-15 所示。注意材料的选定和夹具的设定。毛坯尺寸、材料和夹具设定好后点击"确定"，将毛坯安装好。

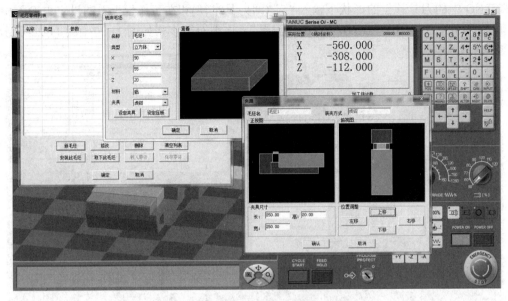

图 11-15　设定毛坯及夹具

　　铣削该面轮廓只需一把刀具，即端铣刀。选择刀具时，注意刀具的参数。选择好相应刀具参数后，点击"确认修改"并"建立刀具"。保存刀具库后，选择相应刀具，点击"安装""确定"即可，如图 11-16 所示。

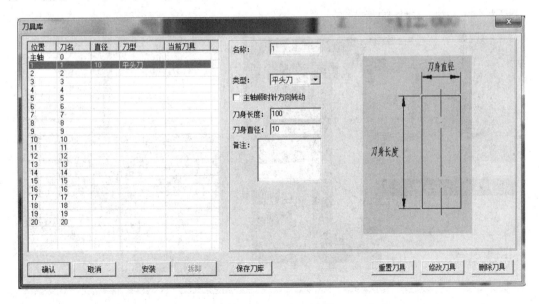

图 11-16　设定刀具参数

　　6）对刀

　　将模式选择旋钮调到"MDI"处，点击 X、Y、Z 使刀具向工件移动，等工件与刀具快要接触的时候，对准页面点击鼠标右键，选择"辅助视图"，将塞尺厚度设置为 3 mm。通过手动和手轮，使刀具与塞尺的接触距离合适，X、Y、Z 三个方向类似，并且在 OFFSET SETTING 中的刀具补偿的形状下输入"5"(即刀具半径)和在工作坐标系的设定中输入相应的值 X(−8.0)、Y(−8.0)、Z(3.0)并点击"测量"。详细对刀步骤如图 11-17～图 11-22 所示。

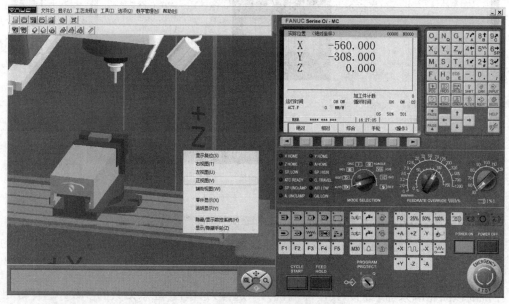

图 11-17　在视图区右键调整视图方向

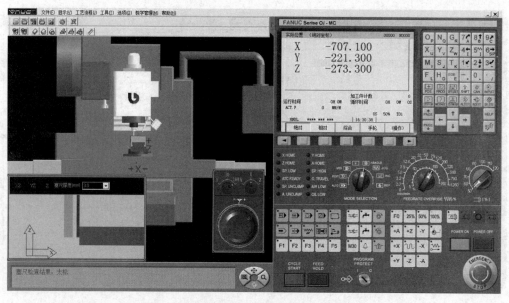

图 11-18　在视图区右键调出辅助视图及手轮

　　可以根据左下角的提示，判断刀具与工件的松紧程度，即塞尺检查结果，不要太松，也不要太紧，要处于合适位置；在刀具快要靠近工件时，使用手轮调节，并且降低手轮的倍率，保证刀具移动量不至太大而损坏刀具。

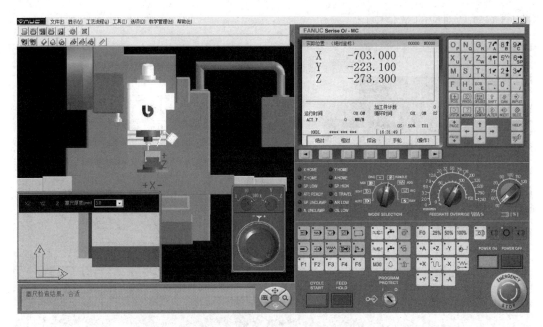

图 11-19　设置塞尺厚度为 3 mm 并移动手轮、调整塞尺，检查结果为合适

点击"OFSlSET"按钮，进入坐标系界面，输入"X-8.0"(8.0 为塞尺厚度与刀具半径之和，数值正负依据刀具在坐标系零点的正负方向判断)，点击屏幕下方"测量"所对应的软键，则当前工件左侧面的 X 坐标值自动算出并记入 G54 所对应的 X 值中。

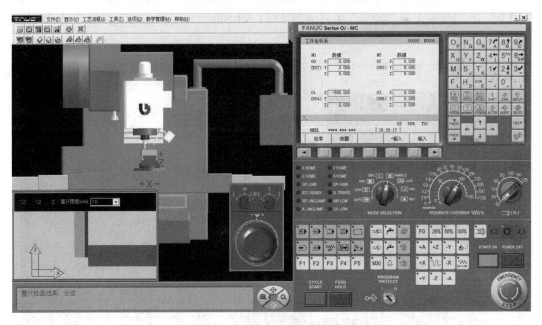

图 11-20　G54 坐标系设置当前 X 值

Y 方向对刀与 X 方向对刀步骤相同，将视图调整为右视图，辅助视图调整为 YZ，刀具移至工件左侧，并利用辅助视图将刀具靠近工件，塞尺检查结果为合适即可。同理，输入"Y-8.0"，点击屏幕下方"测量"所对应的软键，则当前工件左侧面的 Y 坐标值自动算出

并记入 G54 所对应的 Y 值中。

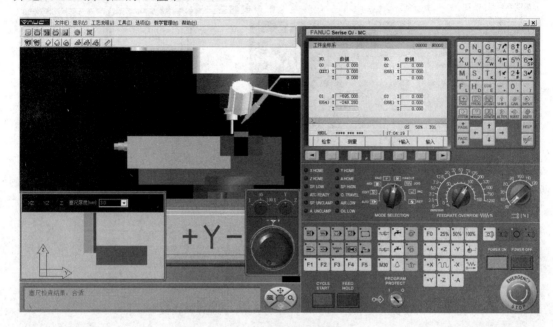

图 11-21 G54 坐标系设置当前 Y 值

Z 方向对刀与 X 方向对刀步骤相同，将视图调整为右视图，辅助视图调整为 Z，刀具移至工件上方，并利用辅助视图将刀具靠近工件，塞尺检查结果为合适即可。同理，输入"Z3.0"，点击屏幕下方"测量"所对应的软键，则当前工件左侧面的 Z 坐标值自动算出并记入 G54 所对应的 Z 值中。

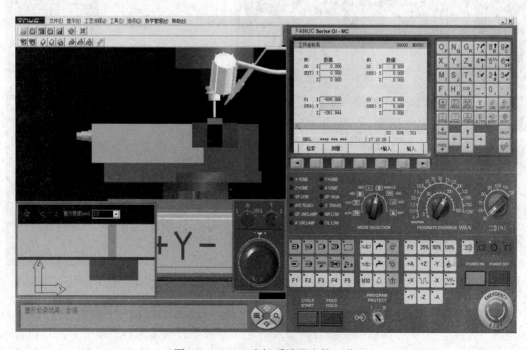

图 11-22 G54 坐标系设置当前 Z 值

7) 加工零件

关闭辅助视图和手轮，将模式选择旋钮调到"AUTO"处，点击程序启动按钮，系统开始加工零件。仿真加工效果如图11-23和图11-24所示。

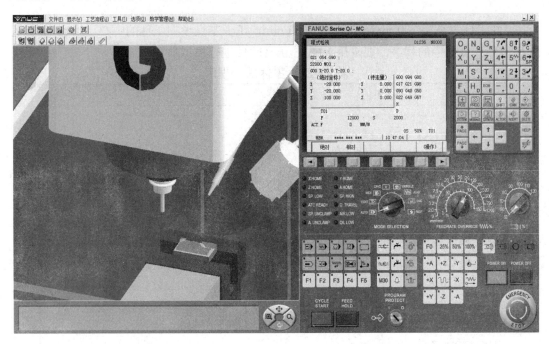

图 11-23　仿真加工结果图

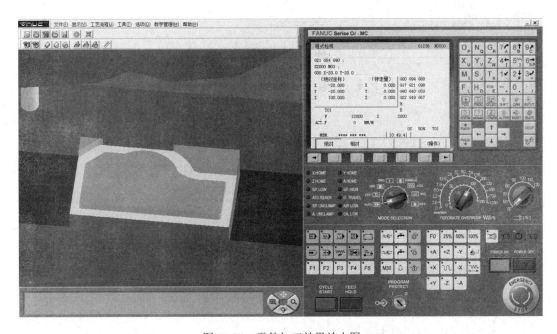

图 11-24　零件加工效果放大图

11.3 拓展训练

已知工件大小为 100 mm × 80 mm × 30 mm，工件零点设在工件的中心，用 ϕ6 mm 的铣刀加工表 11-2 中的程序，要求用 VNUC 仿真软件进行模拟加工。

表 11-2　零件加工程序

程　　　序	说　　　明
O1102;	程序名
N010　G90　G54　G21　G94;	
N020　M03　S1000　M08;	
N030　G00　X−70　Y−40　Z5;	
N040　G01　Z−5　F0.2;	
N050　G42　G01　X−50　D01;	建立刀具半径补偿
N060　G01　X50;	
N070　Y40;	
N080　X−50;	
N090　Y−40;	
N100　G40　G01　X−70;	取消刀具半径补偿
N110　G01　Z5;	
N120　G00　X0　Y0;	
N130　Z100;	
N140　M05　M09;	
N150　M30;	程序结束

✦✦✦ 自　测　题 ✦✦✦

1. 选择题

(1) 数控机床在开机后，须进行回零操作，使 X、Y、Z 各坐标轴运动回到(　　)。

A. 机床零点　　　B. 编程零点　　　C. 工件零点　　　D. 坐标原点

(2) 在 CRT/MDI 面板的功能键中，用于程序编制的键是(　　)。

A. POS　　　　　B. OFS|SET　　　C. PROG　　　　D. SYSTEM

(3) 在 CRT/MDI 面板的功能键中，显示机床当前位置的键是(　　)。

A. POS　　　　　B. OFS|SET　　　C. CURSOR　　　D. SYSTEM

(4) 加工中心与数控铣床的主要区别是(　　)。

A. 数控系统复杂程度不同　　　　　B. 机床精度不同

C. 有无自动换刀系统　　　　　　　D. 切削方式不同

(5) 数控程序编制功能中常用的插入键是(　　)。

A. INSERT　　　　B. ALTER　　　C. DELETE　　　D. INPUT

(6) 数控机床如长期不用，则最重要的日常维护工作是(　　)。

A. 清洁　　　　　　B. 干燥　　　　　　C. 通电　　　　　　D. 润滑

2. 判断题

(　　)(1) 当数控机床失去对机床参考点的记忆时，必须进行返回参考点的操作。

(　　)(2) 数控机床在手动或自动运行中，一旦发现异常情况，应立即使用急停按钮。

(　　)(3) 刀具补偿寄存器内只允许存入正值。

(　　)(4) 车间日常工艺管理中首要的任务是组织职工学习工艺文件，进行遵守工艺纪律的宣传教育，并例行工艺纪律的检查。

(　　)(5) 数控机床中 MDI 是机床诊断智能化的英文缩写。

3. 简答题

(1) 简述数控铣床(加工中心)的加工范围。

(2) 简述数控铣床(加工中心)仿真操作的对刀过程。

自测题答案

项目 12　数控铣床(加工中心)
加工预备工作

12.1　技 能 要 求

(1) 掌握数控铣床(加工中心)的工件装夹和刀具的选择及应用。

(2) 熟悉数控铣床(加工中心)加工工艺的制订步骤。

(3) 掌握数控铣床(加工中心)切削用量的选择原则。

(4) 熟悉数控铣床(加工中心)的编程特点。

(5) 掌握基本的对刀方法，能建立工件坐标系并设定刀具补偿。

12.2　知 识 学 习

12.2.1　数控铣床(加工中心)的工件装夹

数控加工的特点对夹具提出了两个基本要求：一是要保证夹具的坐标方向与机床的坐标方向相对固定；二是要能协调零件与机床坐标系的尺寸关系。除此之外，还要考虑以下几点：

(1) 当零件加工批量不大时，应尽量采用组合夹具、可调夹具和其他通用夹具，以缩短准备时间，节省生产费用。

(2) 在成批生产时才考虑采用专用夹具，并力求结构简单。

(3) 夹具要敞开，加工部位开阔，夹具的定位、夹紧机构元件不能影响加工中的进给(如产生碰撞等)。

(4) 装卸零件要快速、方便、可靠，以缩短准备时间。批量较大时，应考虑采用气动或液压夹具、多工位夹具。

1. 定位基准的选择

为了提高数控机床的效率，在确定定位基准时应注意以下几点：

(1) 力求设计基准、工艺基准与编程计算的基准统一。

(2) 尽量减少装夹次数，尽可能在一次定位装夹后就能加工出全部或大部分待加工表面。

(3) 避免采用占机人工调整式方案，以免占机时间太多，影响加工效率。

2. 常用铣削夹具和装夹方法

在数控铣床(加工中心)上加工工件时，常用的装夹方法有平口钳装夹、压板装夹、专用夹具装夹和组合夹具装夹。

1) 平口钳装夹

平口钳装夹一般适合工件尺寸较小，形状比较规则，生产批量较小的情况。使用平口钳装夹工件时，应注意以下几个问题：

(1) 使用前要利用千分表确认钳口与 X 轴或 Y 轴平行。

(2) 工件底面不能悬空，否则工件在受到切削力时位置可能发生变化，甚至可能发生打刀事故。安装时，可在工件底下垫上等高垫铁，等高垫铁的厚度可根据工件的安装高度情况而定。夹紧时，应边夹紧边用铜棒或胶锤将工件敲实。

(3) 需要加工通孔时，要注意垫铁的位置，防止在加工时加工到垫铁。

(4) 在铣外轮廓时，要保证工件露出钳口部分足够高，以防止加工时铣到钳口。

(5) 批量生产时，应将固定钳口面确定为基准面，与固定钳口面垂直的方向可以在工作台上固定一个挡铁作为基准。

2) 压板装夹

压板装夹一般适合工件尺寸较大，工件底面较规则，生产批量较小的情况。使用压板装夹工件时，应注意以下几个问题：

(1) 工件装夹时，要注意确定基准边的位置，并用千分表进行找正。

(2) 需要加工通孔时，在工件底面要垫上等高垫铁，并要注意垫铁的位置，防止在加工时加工到垫铁。

(3) 编程时，要考虑压板的位置，避免加工时碰到压板。如果工件的整个上面或四周都需要加工，则可采用"倒压板"的方式进行加工，即先将压板附近的表面留下暂不加工，加工其他表面，其他表面加工完成后，在保证原压板不松开的情况下，在已加工过的表面再放一组压板并夹紧(如已加工表面怕划伤，可在压板下面垫上铜皮)，然后卸掉原压板，加工剩余表面。

(4) 压板的位置要和垫铁的位置上下一一对应，以防止工件夹紧变形。

3) 专用夹具装夹

专用夹具装夹适合生产批量较大的情况。合理地设计和利用专用夹具，可大大提高生产效率和加工精度。

4) 组合夹具装夹

大小生产批量均可采用组合夹具装夹方法。由于组合夹具经不同加工对象重新组装后具有专用夹具的一些优点，因此近年来应用越来越广泛。

12.2.2 数控铣床(加工中心)的刀具

数控刀具的选择是数控加工工艺中的重要内容，它不仅影响数控机床的加工效率，而且直接影响加工质量。应根据机床的加工能力、工件材料的性能、加工工序、切削用量以及其他相关因素正确选用刀具及刀柄。

1. 数控铣床(加工中心)刀具的分类及用途

数控铣床(加工中心)的刀具必须适应数控机床高速、高效和自动化程度高的特点。刀具一般包括通用刀具、通用连接刀柄及少量专用连接刀柄。刀柄要连接刀具并装在机床动力头上，已逐渐标准化和系列化。数控铣床(加工中心)刀具按其结构、材料和用途的不同可进行以下分类：

(1) 数控铣床(加工中心)刀具根据刀具结构的不同，分为整体式刀具、镶嵌式刀具、特殊型式刀具。整体式刀具和镶嵌式刀具一般采用焊接或机夹式连接，其中机夹式又可分为不转位和可转位两种；特殊型式刀具可分为复合式刀具、减震式刀具等。

(2) 数控铣床(加工中心)刀具根据制造刀具所用的材料不同，分为高速钢刀具、硬质合金刀具、金刚石刀具、其他材料刀具(如立方氮化硼刀具、陶瓷刀具等)。

(3) 数控铣床(加工中心)刀具根据切削用途的不同，分为盘铣刀、立铣刀、键槽铣刀、球头铣刀、成形铣刀等，如图 12-1、图 12-2 所示。

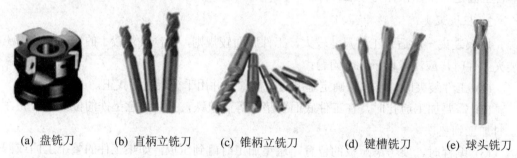

(a) 盘铣刀   (b) 直柄立铣刀   (c) 锥柄立铣刀   (d) 键槽铣刀   (e) 球头铣刀

图 12-1 铣削刀具

图 12-2 成形铣刀

① 盘铣刀一般是在盘状刀体上机夹刀片或刀头，常用于加工平面，尤其适合加工大面积平面。

② 立铣刀是数控加工中用得最多的一种铣刀,其圆柱形表面和端面上都有切削刃,它们可同时进行切削,也可单独进行切削。立铣刀圆柱表面的切削刃为主切削刃,端面上的切削刃为副切削刃。

③ 键槽铣刀有两个刀齿,圆柱面和端面都有切削刃,兼有钻头和立铣刀的功能。端面刃延至中心,加工时可先轴向进给达到槽深,然后再沿键槽方向铣出键槽全长。

④ 球头铣刀适用于加工空间曲面零件,有时也用于平面类零件较大的转接凹圆弧的补加工。

⑤ 成形铣刀一般都是为特定的工件或加工内容专门设计制造的,适用于平面类零件的特定形状(如角度面、凹槽面等)的加工,也适用于特形孔或台的加工。

2.刀具材料的选择

当前使用的金属切削刀具材料主要有五类:高速钢、硬质合金、陶瓷、立方氮化硼(CBN)、聚晶金刚石。表 12-1 列出了各种刀具材料的特性和用途。

表 12-1　刀具材料的特性和用途

材 料	主要特性	用 途	优 点
高速钢(HSS)	比工具钢硬	用于低速或不连续切削	刀具寿命较长,加工的表面较平滑
高性能高速钢	强韧,抗边缘磨损性强	用于粗切或精切几乎任何材料,包括铁、钢、不锈钢、高温合金、非铁和非金属材料	切削速度可比高速钢高,强度和韧性较粉末冶金高速钢好
粉末冶金高速钢	良好的抗热性和抗碎片磨损	用于切削钢、高温合金、不锈钢、铝、碳钢及合金钢和其他不易加工的材料	切削速度可比高性能高速钢高 15%
硬质合金	耐磨损,耐热	用于锻铸铁、碳钢、合金钢、不锈钢、铝合金的精加工	寿命比一般传统碳钢高 20 倍
陶瓷	高硬度,耐热冲击性好	用于高速粗加工,铸铁和钢的精加工,也适合加工有色金属和非金属材料,不适合加工铝、镁、钛及其合金	高速切削速度可达 5000 m/s
立方氮化硼(CBN)	超强硬度,耐磨性好	用于硬度大于 450 HBW 材料的高速切削	刀具寿命长
聚晶金刚石	超强硬度,耐磨性好	用于粗切和精切铝等有色金属和非金属材料	刀具寿命长

根据数控加工对刀具的要求,选择刀具材料的一般原则是尽可能选用硬质合金刀具,但不同国家和生产厂家有不同的标准和系列。表 12-2 列出了常见厂家和国家的牌号。

表 12-2　各国硬质合金牌号近似对照

ISO	ANSI	中国	山特维克	适合加工材料
P01		YN05	F02	产生带状切屑的铁金属
P05		YN10	S1P	
P10	C8	YN15	S1P	
P15	C7		S2	
P20		YT14	S2	
P25	C6		S4	
P30	C5	YT5	S4	
P40			S6	
P50			S8	
M10		YW1	H1P	产生节状切屑或粒状切屑的铁金属；非铁金属
M20		YW2	H1P	
M30				
M40			R4	
K01		YG3X	H05	产生粒状切屑或崩碎切屑的铁金属；非铁金属；非金属材料
K05	C4	YG3		
K10	C3	YG6X	H10	
K20	C2	YG6	H20	
K30	C1	YG8N	H20	
K40				

3. 加工中心的换刀装置与刀库

加工中心备有刀库，并能自动更换刀具，可对工件进行多工序加工。工件经一次装夹后，数字控制系统能控制机床按不同工序，自动选择和更换刀具，自动改变机床主轴转速、进给量和刀具相对工件的运动轨迹及其他辅助机能，依次完成工件几个面上多工序的加工。加工中心由于工序的集中和自动换刀，减少了工件的装夹、测量和机床调整等时间，同时也减少了工序之间的工件周转、搬运和存放时间，缩短了生产周期，具有明显的经济效果。加工中心的自动换刀装置由存放刀具的刀库和换刀机构组成。

加工中心的刀库是自动换刀装置中最主要的部件之一，其容量、布局以及具体结构对数控机床的设计有很大影响。刀库的种类很多，常见的有盘式刀库和链式刀库两类。

(1) 盘式刀库：结构紧凑，取刀方便，但由于受圆盘尺寸的限制，容量相对较小，一般为 1～24 把刀具，主要适用于小型加工中心。如图 12-3 所示为盘式刀库。

(2) 链式刀库：刀库容量大，一般为 1～100 把刀具，选刀和取刀的动作较为简单，当链条较长时，可增加支撑链轮的数目，使链条折叠回绕，以提高空间利用率，主要适用于大中型加工中心。如图 12-4 所示为链式刀库。

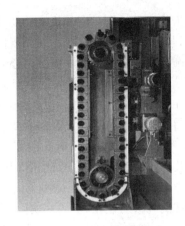

图 12-3　盘式刀库 　　　　　　　　　　　图 12-4　链式刀库

12.2.3　数控铣床(加工中心)加工工艺的制订

同常规工艺路线拟订过程相似,数控加工工艺路线的设计步骤如下:

(1) 找出所有加工的零件表面并逐一确定各表面的加工获得过程,加工获得过程中的每一步骤相当于一个工步。

(2) 将所有工步内容按一定原则排列成先后顺序。

(3) 确定哪些相邻工步可以划为一个工序,即进行工序的划分。

(4) 将需要的其他工序如常规工序、辅助工序、热处理工序等插入,衔接于数控加工工序序列之中。

数控加工的工艺路线设计与普通机床加工的常规工艺路线拟订的区别主要在于它仅是几道数控加工工艺过程的概括,而不是指从毛坯到成品的整个工艺过程。由于数控加工工序一般穿插于零件加工的整个工艺过程中,因此在工艺路线设计中一定要兼顾常规工序的安排,使之与整个工艺过程协调吻合。

1. 工序的划分

根据数控加工的特点,数控加工工序的划分有以下几种方式:

(1) 定位方式分序法:按定位方式划分工序,一般适合于加工内容不多的工件,加工完后就能达到待检状态。通常以一次安装、加工作为一道工序。

(2) 刀具集中分序法:按所用刀具划分工序,用同一把刀具加工完成所有可以加工的部位,然后换刀。这种方法可以减少换刀次数,缩短辅助时间,减少不必要的定位误差。

(3) 粗、精加工分序法:根据零件的形状、尺寸精度等因素,按粗、精加工分开的原则,先粗加工,再半精加工,最后精加工。

(4) 加工部位分序法:即先加工平面、定位面,再加工孔;先加工形状简单的几何形状,再加工复杂的几何形状;先加工精度比较低的部位,再加工精度比较高的部位。

综上所述,在划分工序时,一定要视零件的结构与工艺性、机床的功能、零件数控加工内容的多少、安装次数以及生产组织状况等实际情况灵活掌握。

2. 工步的划分

划分工步主要从加工精度和效率两方面考虑。合理的工艺不仅要保证加工出符合图样要求的工件，同时应使机床的功能得到充分发挥，因此，在一个工序内往往需要采用不同的刀具和切削用量，对不同的表面进行加工。为了便于分析和描述较复杂的工序，又将工序细分为工步。下面以加工中心为例来说明工步划分的原则。

(1) 同一加工表面按粗加工、半精加工、精加工依次完成，或全部加工表面按先粗后精加工分开进行。若加工尺寸精度要求较高，则考虑零件尺寸、精度、刚性等因素，可采用前者；若加工表面位置精度要求较高，则可采用后者。

(2) 对于既有面又有孔的零件，可以采用"先面后孔"的原则划分工步。先铣面可提高孔的加工精度。因为铣削时切削力较大，工件易发生变形，而先铣面后镗孔，则可使其变形有一段时间恢复，减少了由于变形引起的对孔的精度的影响。反之，如先镗孔后铣面，则铣削时极易在孔口产生飞边、毛刺，从而破坏了孔的精度。

(3) 按所用刀具划分工步。某些机床工作台回转时间比换刀时间短，可采用刀具集中工步，以减少换刀次数和辅助时间，提高加工效率。

(4) 在一次安装中，尽可能完成所有能够加工的表面。

3. 加工顺序的安排

加工顺序的安排应根据零件的结构和毛坯状况，结合定位和夹紧的需要一起考虑，重点应保证工件的刚度不被破坏，尽量减少变形。

加工顺序的安排应遵循下列原则：

(1) 上道工序的加工不能影响下道工序的定位与夹紧。

(2) 先内后外原则，即先进行内型内腔加工工序，后进行外形加工工序。

(3) 以相同安装方式或用同一刀具加工的工序，最好连续进行，以减少重复定位数及换刀次数。

(4) 在同一次安装中进行的多道工序，应先安排对工件刚性破坏较小的工序。

4. 刀具进给路线的确定

在数控加工中，刀具刀位点相对于工件运动的轨迹称为进给路线。进给路线不仅包括加工内容，还反映出加工顺序，是编程的依据之一。

确定进给路线的原则如下：

(1) 加工路线应保证被加工工件的精度和表面粗糙度。

(2) 应使加工路线最短，以减少空行程时间，提高加工效率。

(3) 在满足工件精度、表面粗糙度、生产率等要求的前提下，尽量简化数学处理时的数值计算工作量，以简化编程工作。

(4) 当某段进给路线重复使用时，为了简化编程，缩短程序长度，应使用子程序。

此外，确定加工路线时，还要考虑工件的形状与刚度、加工余量大小，机床与刀具的刚度等情况，以确定是一次进给还是多次进给来完成加工，以及设计刀具的切入与切出方向和在铣削加工中是采用顺铣还是逆铣等。

1) 轮廓铣削进给路线的分析

连续铣削轮廓，特别是加工圆弧时，要注意安排好刀具的切入、切出，尽量避免交接处重复加工，否则会出现明显的界限痕迹。如图 12-5 所示，用圆弧插补方式铣削外整圆时，要安排刀具从切向进入圆周铣削加工，当整圆加工完毕后，不要在切点处直接退刀，而让刀具多运动一段距离，最好沿切线方向，以免取消刀具补偿时，刀具与工件表面相碰撞，造成工件报废。铣削内圆弧时，也要遵守从切向切入的原则，安排切入、切出过渡圆弧。如图 12-6 所示，刀具从工件坐标原点出发，加工路线为 1→2→3→4→5，这样可提高内孔表面的加工精度和质量。

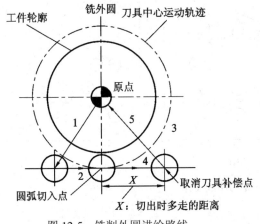

图 12-5　铣削外圆进给路线

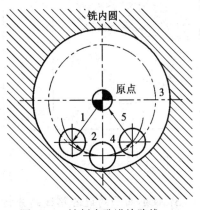

图 12-6　铣削内孔进给路线

2) 位置精度要求高的孔进给路线的分析

加工位置精度要求较高的孔系时，应特别注意安排孔的加工顺序，若安排不当，会引入坐标轴的反向间隙，直接影响位置精度。如图 12-7 所示，镗削图中零件上六个尺寸相同的孔，有两种进给路线。按 1→2→3→4→5→6 路线加工时，由于 5、6 孔与 1、2、3、4 孔定位方向相反，Y 向反向间隙会使定位误差增加，而影响 5、6 孔与其他孔的位置精度。按 1→2→3→4→P→6→5 路线加工时，加工完 4 孔后往上多移动一段距离至 P 点，然后折回来在 6、5 孔处进行定位加工，这样加工进给方向一致，可避免反向间隙的引入，提高了 5、6 孔与其他孔的位置精度。

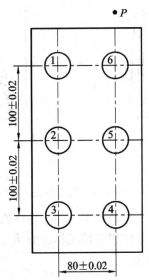

图 12-7　孔系加工

走刀路线包括在 XY 平面上的走刀路线和 Z 向的走刀路线。欲使刀具在 XY 平面上的走刀路线最短，必须保证各定位点间的路线的总长最短。图 12-8(a)所示为点群零件图，经计算发现图 12-8(c)所示走刀路线总长较图 12-8(b)所示走刀路线总长短。

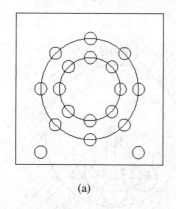 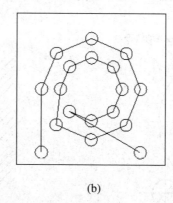 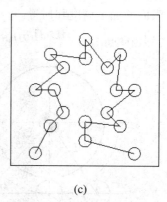

(a)   (b)   (c)

图 12-8　最短走刀路线设计

3) 铣削曲面的进给路线的分析

铣削曲面时，常用球头刀采用"行切法"进行加工。所谓行切法，是指刀具与零件轮廓的切点轨迹是一行一行的，而行间的距离是按零件加工精度的要求确定的。对于边界敞开的曲面加工，可采用两种加工路线。如图 12-9 所示，对于发动机大叶片，当采用图 12-9(a)所示的加工方案时，每次沿直线加工，刀位点计算简单，程序少，加工过程符合直纹面的形成，可以准确保证母线的直线度；当采用图 12-9(b)所示的加工方案时，符合这类零件数据给出情况，便于加工后检验，叶形的准确度高，但程序较多。由于曲面零件的边界是敞开的，没有其他表面限制，因此曲面边界可以延伸，球头刀应由边界外开始加工。

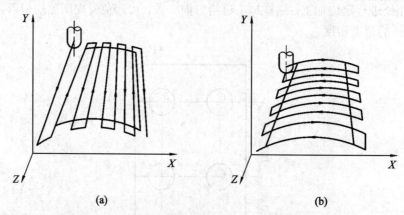

(a)   (b)

图 12-9　曲面加工的加工路线

实际生产中，加工路线的确定要根据零件的具体结构特点，综合考虑，灵活运用。确定加工路线的总原则是：在保证零件加工精度和表面质量的条件下，尽量缩短加工路线，以提高生产率。

4) 逆铣和顺铣

铣削方式有逆铣和顺铣两种。如图 12-10 所示，铣刀旋转切入工件的方向与工件的进给方向相反时称为逆铣，相同时称为顺铣。

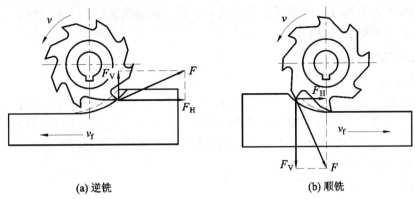

(a) 逆铣　　　　　　　　　　　(b) 顺铣

图 12-10　顺铣与逆铣

逆铣时，切削厚度由零逐渐增大，切入瞬时刀刃钝圆半径大于瞬时切削厚度，刀齿在工件表面上要挤压和滑行一段后才能切入工件，使已加工表面产生冷硬层，加剧了刀齿的磨损，同时使工件表面粗糙不平。此外，逆铣时刀齿作用于工件的垂直进给力 *F* 朝上，有抬起工件的趋势，这就要求工件装夹牢固。但是逆铣时刀齿从切削层内部开始工作，当工件表面有硬皮时，对刀齿没有直接影响。

顺铣时，刀齿的切削厚度从最大开始，避免了挤压、滑行现象的产生，并且垂直进给力 *F* 朝下压向工作台，有利于工件的夹紧，可提高铣刀耐用度和加工表面质量。与逆铣相反，顺铣时要求工件表面没有硬皮，否则刀齿很易磨损。

对于铝镁合金、钛合金和耐热合金等材料来说，建议采用顺铣加工，这对于降低表面粗糙度值和提高刀具耐用度都有利。如果零件毛坯为黑色金属锻件或铸件，表皮硬而且余量一般较大，则采用逆铣较为有利。

12.2.4　数控铣床(加工中心)切削用量的选择

切削用量是加工过程中重要的组成部分。合理地选择切削用量，不但可以提高切削效率，还可以提高零件的表面精度。影响切削用量的因素有机床的刚度、刀具的使用寿命、工件的材料、切削液等。

1. 铣削用量的选择

铣削用量的选择是否合理直接影响工件的加工质量、生产效率和刀具耐用度。选择铣削用量的原则是：粗加工时，一般以提高生产率为主，但也应考虑经济性和加工成本；半精加工和精加工时，应在保证加工质量的前提下，兼顾铣削效率、经济性和加工成本，具体数值应根据机床说明书、切削用量手册，并结合经验而定。

确定铣削深度时，如果机床功率和工艺系统刚性允许而加工质量要求不高(Ra 值不小于 5 μm)，且加工余量又不大(一般不超过 6 mm)，则可以一次铣去全部余量。若加工质量要求较高或加工余量太大，铣削则应分两次进行。在工件宽度方向上，一般应将余量一次切除。

加工条件不同，选择的切削速度 v_c 和每齿进给量 f_z 也应不同。工件材料较硬时，f_z 及 v_c 值应取得小些；刀具材料韧性较大时，f_z 值可取得大些。刀具材料硬度较高时，v_c 值可取得大些；铣削深度较大时，f_z 及 v_c 值应取得小些。

各种切削条件下的 f_z、v_c 值及计算公式可查阅《金属机械加工工艺手册》或相关刀具提供商的刀具手册等有关资料。

2．钻削用量的选择

1) 钻头直径

钻头直径由工艺尺寸确定。孔径不大时，可将孔一次钻出。工件孔径大于 35 mm 时，若仍一次钻出孔径，往往由于受机床刚度的限制，必须大大减小进给量。若两次钻出，可取大的进给量，既不降低生产效率，又提高了孔的加工精度。先钻后扩时，钻孔的钻头直径可取孔径的 50%～70%。

2) 进给量

小直径钻头主要受钻头的刚性及强度限制，大直径钻头主要受机床进给机构强度及工艺系统刚性限制。在以上条件允许的情况下，应取较大的进给量，以降低加工成本，提高生产效率。

普通麻花钻钻削进给量可按以下经验公式估算选取：

$$f = (0.01\sim0.02)d_0$$

式中，d_0 为孔的直径。

加工条件不同时，其进给量可查阅切削用量手册。

3) 钻削速度

钻削的背吃刀量（即钻头半径）、进给量及钻削速度都对钻头耐用度产生影响，但背吃刀量对钻头耐用度的影响与车削不同。当钻头直径增大时，尽管增大了钻削力，但钻头体积也显著增加，因而使散热条件明显改善。实践证明，钻头直径增大时，钻削温度有所下降。因此，钻头直径较大时，可选取较高的钻削速度。

一般情况下，钻削速度可参考表 12-3 选取。

表 12-3　普通高速钢钻头钻削速度参考值　　　　　　　　　　m/min

工件材料	低碳钢	中、高碳钢	合金钢	铸铁	铝合金	铜合金
钻削速度	25～30	20～25	15～20	20～25	40～70	20～40

目前有不少高性能材料制作的钻头，其钻削速度宜取更高值，具体可查阅有关资料。

12.2.5　数控铣床(加工中心)的编程特点及坐标系

1．数控铣床(加工中心)的编程特点

数控铣床(加工中心)的编程特点如下：

(1) 镜像加工功能。镜像加工也称为轴对称加工。对于一个轴对称形状的工件来说，利用这一功能，只要编出一半形状的加工程序就可完成全部加工。数控铣床一般还有缩放功能，对于完全相似的轮廓也可以通过调用子程序的方法完成加工。

(2) 刀具长度补偿功能。利用该功能可以自动改变切削平面高度，同时可以降低在制造与返修时对刀具长度尺寸的精度要求，还可以弥补轴向对刀误差。

(3) 铣削加工。数控铣床一般应具有三坐标以上的联动功能，能够进行直线插补和圆弧插补，自动控制旋转的铣刀相对于工件运动进行铣削加工。坐标联动轴数越多，对工件的装夹要求就越低，定位和安装次数就越少，所以加工工艺范围就越大。

(4) 编程原点选择。编程原点选在便于测量或对刀的基准位置，一般设置在工件的上表面中心或上表面某一角落上。

2. 数控铣床(加工中心)的坐标系

1) 机床坐标系

数控铣床的机床原点位置因生产厂家而异，有的设置在机床工作台中心，有的设置在进给行程范围的终点(如图 12-11 所示)。在数控铣床上，通常机床原点和机床参考点是重合的。

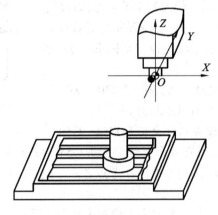

图 12-11　立式数控铣床的机床原点

2) 工件坐标系

工件坐标系是编程时用来定义工件形状和刀具相对工件运动的坐标系。为保证编程与机床加工的一致性，工件坐标系也应是右手笛卡尔坐标系。工件装夹到机床上时，应使工件坐标系与机床坐标系的坐标轴方向保持一致。

工件坐标系的原点也称编程原点或工件原点，其位置由编程者确定，如图 12-12 所示的 O_2 点。

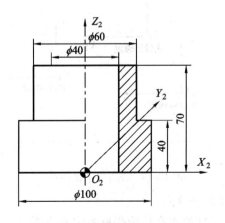

图 12-12　数控铣床的工件原点

12.2.6 设置工件原点及对刀的方法

下面以 FANUC 0i 系统的数控铣床为例，说明设置工件原点及对刀的方法。

1. 设置工件原点的方法

1) 使用 G92 设置工件坐标系

G92 是规定工件坐标系原点的指令。通过 G92 指令可设定起刀点即程序开始运动的起点，从而建立加工坐标系。G92 指令只是用于设定坐标系，机床(刀具或工作台)并未产生运动，即 X、Y、Z 轴均不运动，但机床显示器上的坐标值发生变化，该坐标系在机床重开机时消失。

使用 G92 设定工件坐标系，使刀具上的点(例如刀尖)位于指定的坐标位置。如果在刀具长度偏置期间用 G92 设定坐标系，则 G92 用无偏置的坐标值设定坐标系。刀具半径补偿被 G92 临时删除。

如图 12-13 所示，用 "G92 X260. Y230. Z0.;" 设置工件坐标系，刀尖所在点为程序起点。

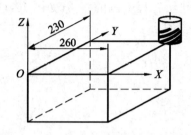

图 12-13 使用 G92 设置工件坐标系

2) 使用 CRT/MDI 面板设置工件坐标系 G54~G59

使用 CRT/MDI 面板可以设置 6 个工件坐标系 G54~G59。加工中可以选择 6 个中的一个，也可以选择多个。在电源接通并返回参考点之后，建立工件坐标系 1~6。当电源接通时，自动选择 G54 坐标系。

例如，如图 12-14 所示，在一个程序中设置多个坐标系：

G90 G54 G00 X0. Y0.;   (设置第 1 个坐标系在 O_1 点)
⋮
G90 G55 G00 X0. Y0.;   (设置第 2 个坐标系在 O_2 点)
⋮
G90 G56 G00 X0. Y0.;   (设置第 3 个坐标系在 O_3 点)

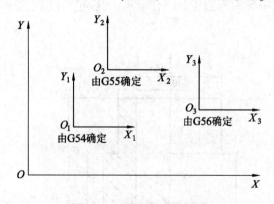

图 12-14 设置多个坐标系

3) 使用 G54~G59 设置工件原点

通过 G54~G59 可设置工件原点在机床坐标系中的位置(工件原点以机床原点为基准的偏移量)。工件装夹到机床上后，通过对刀求出偏移量，并经操作面板输入到规定的数据区，程序可以通过选择相应的功能 G54~G59 激活此值。

G54~G59 的数值设定，是将对刀时得到的工件坐标系原点在机床坐标系中的绝对值存储到数控系统的指定位置的一种操作。其操作按以下方法进行：

(1) 按 OFS\SET 键进入参数设置页面。

(2) 用 PAGE[↑]或[↓]键在 N01~N03 坐标系页面和 N04~N06 坐标系页面(如图 12-15 所示)之间切换。

(3) 用 CURSOR(光标平移)的向上[↑]或向下[↓]选择坐标系。

(4) 按数字键输入地址符(X/Y/Z)和数值到输入域。

(5) 按 INPUT 键，把输入域中的内容输入到所指定的位置。

```
工作坐标系设定                           O0010   N00000
(G54)
番号          数据              番号          数据
 00      X   0.000           02       X   0.000
(EXT)    Y   0.000          (G55)     Y   0.000
         Z   0.000                    Z   0.000

 01      X   0.000           03       X   0.000
(G54)    Y   0.000          (G56)     Y   0.000
         Z   0.000                    Z   0.000

ADRS                              S        OT
14:40:21                         JOG
[  补正  ] [ MACRO ] [      ][  坐标系  ] [        ]
```

图 12-15　坐标系设定页面

2. 对刀方法

1) 基本对刀方法

对刀前首先要确定好工件的工艺基准(即工件坐标系的原点)，然后使用寻边仪或刀具确定工件的 X 和 Y 坐标位置，最后使用刀具确定 Z 坐标的位置，如图 12-16 所示。

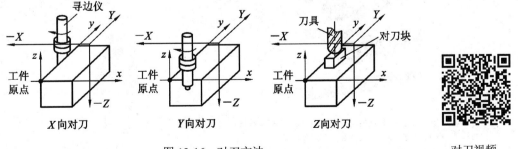

X向对刀　　　　Y向对刀　　　　Z向对刀

图 12-16　对刀方法　　　　　　　　　　对刀视频

(1) X 向对刀方法：

① 将寻边仪装在主轴上。

② 主轴旋转 500~700 r/min。

③ 手摇移动工作台使寻边仪靠近工件，直到寻边仪上下两部分重合。

④ 手摇提起寻边仪脱离工件。

⑤ 手摇使 X 轴向工件内移动一个寻边仪半径距离。

⑥ X 轴相对坐标清零或将机床坐标值输入到 G54 存储器里。

(2) Y 向对刀方法：与 X 向对刀方法相同。

(3) Z 向对刀方法：

① 将刀具装在主轴上。

② 在工件上放一对刀块。

③ 手摇移动使刀具靠近对刀块，边移动刀具边拿对刀块试塞，直到松紧适度为止。

④ 手摇使刀具至工件外，脱离工件。

⑤ 手摇使 Z 轴向下移动一个对刀块高度。

⑥ Z 轴相对坐标清零或将 Z 轴机床坐标值输入到 G54 存储器里。

使用 G92 确定工件坐标系时，工件坐标系中的 P__点即为"G92 P__;"所在点；使用 G54 确定工件坐标系时，执行"G90 G00 G54 P__;"指令后，刀尖点将到达工件坐标系中的 P__点。

2) 加工中心的对刀方法

由于加工中心具有多把刀具，并能实现自动换刀，因此需要测量所用各把刀具的基本尺寸，并存入数控系统，以便加工中心调用，即进行加工中心的对刀。加工中心通常采用机外对刀仪实现对刀。

对刀仪的基本结构如图 12-17 所示。对刀仪平台 7 上装有刀柄夹持轴 2，用于安装被测刀具(如图 12-18 所示的钻削刀具)。通过快速移动单键按钮 4 和微调旋钮 5 或 6，可调整刀柄夹持轴 2 在对刀仪平台 7 上的位置。当光源发射器 8 发光，将刀具刀刃放大投影到显示屏幕 1 上时，即可测得刀具在 X(径向尺寸)、Z(刀柄基准面到刀尖的长度尺寸)方向的尺寸。

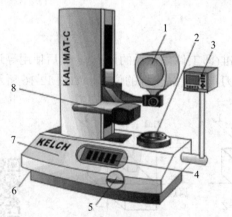

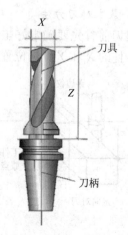

1—显示屏幕；2—夹持轴；3—控制面板；4—单键按钮；
5、6—微调旋钮；7—平台；8—光源发射器

图 12-17　对刀仪的基本结构　　　　图 12-18　钻削刀具对刀

钻削刀具的对刀操作过程如下：

(1) 将被测刀具与刀柄连接安装为一体。

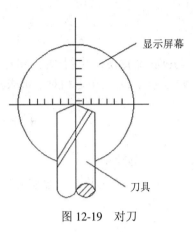

图 12-19 对刀

(2) 将刀柄插入对刀仪上的刀柄夹持轴 2，并紧固。

(3) 打开光源发射器 8，观察刀刃在显示屏幕 1 上的投影。

(4) 通过快速移动单键按钮 4 和微调旋钮 5 或 6，可调整刀刃在显示屏幕 1 上的投影位置，使刀具的刀尖对准显示屏幕 1 上的十字线中心，如图 12-19 所示。

(5) 测得 X 为 20，即刀具直径为 ϕ20 mm，该尺寸可用作刀具半径补偿。

(6) 测得 Z 为 180.002，即刀具长度尺寸为 180.002 mm，该尺寸可用作刀具长度补偿。

(7) 将测得尺寸输入加工中心的刀具补偿页面。

(8) 将被测刀具从对刀仪上取下后装在加工中心上即可使用。

12.3 拓展训练

如图 12-20 所示图形为四个独立的二维凸台轮廓曲线，每个轮廓均有各自的尺寸基准，整个图形的坐标原点为 O。为了避免尺寸换算，在编制四个局部轮廓的数控加工程序时，分别将工件上各自轮廓的原点偏置到 O_1、O_2、O_3、O_4 点。

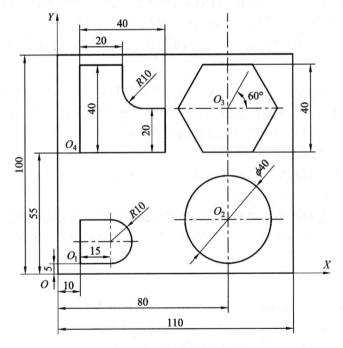

图 12-20　拓展训练零件图

提示：将 O_1、O_2、O_3、O_4 四个点相对于机床参考点的坐标，通过 CRT/MDT 操作面板分别设置为 G54、G55、G56 和 G57 四个原点偏置寄存器。具体操作过程为：首先记录坐标原点 O 相对于机床参考坐标系的坐标(X_0, Y_0)，然后将 O_1 点相对于 O 点的坐标(10, 5)

与(X_0，Y_0)相加，求得 O_1 点相对于机床参考点的坐标，最后将该坐标值存入 G54 寄存器中。O_2、O_3、O_4 三个点相对于机床参考点的计算与 O_1 类似。

✦✦✦ 自 测 题 ✦✦✦

1. 选择题

(1) 标准的锥齿轮盘铣刀与同模数、同号数的圆柱齿轮铣刀相比，其刀齿形状相似，刀齿厚度(　　)。

A. 一样
B. 约为圆柱齿轮铣刀的 1/3
C. 约为圆柱齿轮铣刀的 1/2
D. 约为圆柱齿轮铣刀的 2/3

(2) 铣削单圆弧直线滚子链链轮齿圆弧时，立铣刀或键槽铣刀的直径 $d_刀=($　　$)d_r(d_r$ 为滚子直径)。

A. 1
B. 1.2
C. 1.01
D. 1.1

(3) 一般锥齿轮铣刀的齿形曲线均按(　　)齿形设计，铣刀的宽度按小端槽宽度设计。

A. 节圆
B. 大端
C. 中部
D. 近似

(4) 当(　　)确定以后，工件处于直角坐标的象限亦随之确定，编程时 X、Y 值符号根据笛卡尔坐标系确定。

A. 机床零点
B. 编程零点
C. 刀具零点
D. 夹具零点

(5) 避免刀具直接对刀法损伤工件表面的方法有两种：可在将切去的表面上对刀；在工件与刀具端面之间垫一片箔纸片，避免(　　)与工件直接接触。

A. 主轴
B. 工作台
C. 浮动测量工具
D. 刀具

2. 判断题

(　　)(1) 成形铣刀的刀齿一般做成铲齿，前角大多为零度，刃磨时只磨前刀面。

(　　)(2) 精加工时，使用切削液的目的是降低切削温度，起冷却作用。

(　　)(3) 工件在夹具中定位时必须限制六个自由度。

(　　)(4) 粗基准只能使用一次。

(　　)(5) 工件材料的强度、硬度越高，则刀具寿命越低。

(　　)(6) 工件应在夹紧后定位。

(　　)(7) 刀具磨损越慢，切削加工时间就越长，也就是刀具寿命越长。

(　　)(8) 在使用对刀点确定加工原点时，需要进行"对刀"，即使"刀位点"与"对刀点"重合。

3. 简答题

(1) 数控铣床(加工中心)加工工序的划分有哪几种方式？

(2) 数控铣床(加工中心)工步划分的基本原则是什么？

自测题答案

项目 13　平面凸台外轮廓类零件的编程与加工

典型案例：在 FANUC 0i Mate 数控铣床上加工如图 13-1 所示的零件，设毛坯为 70 mm ×70 mm×25 mm 的板料，且四个侧面及上下表面已加工，材料为 45 钢。

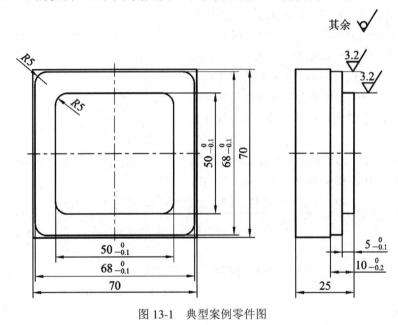

图 13-1　典型案例零件图

13.1　技 能 要 求

(1) 掌握 FANUC 0i Mate 数控系统的编程指令 G90、G91、G00、G01、G02、G03、G41、G42、G40 的编程格式及应用。

(2) 了解数控铣床加工平面凸台外轮廓类零件的特点，并能够正确地进行数控铣削工艺分析，编制加工工艺。

(3) 通过对平面凸台外轮廓类零件的加工，掌握数控铣床的编程方法。

13.2　知 识 学 习

13.2.1　绝对值编程指令(G90)与增量值编程指令(G91)

G90 为绝对值编程指令，G91 为增量值编程指令。

格式:

　　　G90(G91)　X＿＿　Y＿＿　Z＿＿;

说明:

(1) G90 指令按绝对值设定输入坐标，即移动指令终点的坐标值 X、Y、Z 都是以工件坐标系坐标原点(程序零点)为基准来计算的。

(2) G91 指令按增量值设定输入坐标，即移动指令的坐标值 X、Y、Z 都是以起点为基准来计算的，再根据终点相对于起点的方向判断正负，与坐标轴正方向一致则取正，相反则取负。

例如，如图 13-2 所示，已知刀具中心轨迹为"A→B→C"，使用绝对值编程指令与增量值编程指令时各动点的坐标计算如下，加工程序见表 13-1。

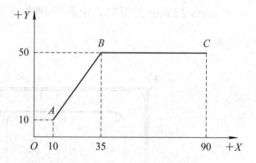

图 13-2　绝对、增量坐标示例

G90 时:$A(10, 10)$，$B(35, 50)$，$C(90, 50)$;

G91 时:$A(10, 10)$，$B(25, 40)$，$C(55, 0)$。

表 13-1　用绝对、增量坐标编写的数控加工程序

程　　序	说　　明
O1301;	程序名
N10　G90　G54　G00　Z100.0　M03　S800;	起刀位置
N15　X0　Y0;	起始高度(仅用一把刀具，可不加刀长补偿)
N20　Z5.0;	安全高度
N25　X10.0　Y10.0;	快速到达下刀点
N30　G01　Z−5.0　F50;	落刀，切深 5 mm
N35　G91　G01　X25.0　Y 40.0;	增量值直线插补
N40　X 55.0　Y0;	
N45　G90　G00　Z5.0;	绝对值直线插补
N50　Z100.0;	抬刀到起始高度
N55　M09;	冷却液关闭
N60　M05;	主轴停止
N65　M30;	程序结束

13.2.2 快速定位指令(G00)

快速定位指令可使刀具以快速移动速度,从刀具当前点移动到目标点。其使用方法与数控车床中介绍的 G00 基本相同,只是其后可跟三维坐标。

格式:

  G00 X__ Y__ Z__;

说明:

(1) 常见 G00 轨迹如图 13-3 所示。

(2) 在未知 G00 轨迹的情况下,尽量不采用三坐标编程,避免刀具碰撞工件或夹具。

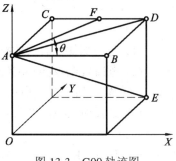

图 13-3 G00 轨迹图

13.2.3 直线插补指令(G01)

直线插补指令可使刀具以指定的进给速度,从当前点沿直线移动到目标点。其使用方法与数控车床中介绍的 G01 基本相同,只是其后可跟三维坐标。

格式:

  G01 X__ Y__ Z__ F__;

说明:

(1) 如果 F 代码不指定,则进给速度被当作零。

(2) 当 G01 后不指定坐标时,刀具不移动,系统只改变当前刀具移动方式的模态为 G01。

13.2.4 圆弧插补指令(G02、G03)

圆弧插补指令可使刀具从圆弧起点,沿圆弧移动到圆弧终点。G02 为顺时针圆弧(CW)插补指令,G03 为逆时针圆弧(CCW)插补指令。判断方法:从 Z 轴的正方向往负方向看 XY 平面,由此决定 XY 平面的"顺时针""逆时针"方向。其他平面方法相同,如图 13-4 所示。

格式:

在 XY 平面上的圆弧:

$$G17 \left\{ \begin{array}{c} G02 \\ G03 \end{array} \right\} \quad X\_\_ \quad Y\_\_ \quad \left\{ \begin{array}{cc} I\_\_ & J\_\_ \\ R\_\_ & \end{array} \right\} \quad F\_\_;$$

在 ZX 平面上的圆弧:

$$G18 \left\{ \begin{array}{c} G02 \\ G03 \end{array} \right\} \quad X\_\_ \quad Z\_\_ \quad \left\{ \begin{array}{cc} I\_\_ & K\_\_ \\ R\_\_ & \end{array} \right\} \quad F\_\_;$$

在 YZ 平面上的圆弧:

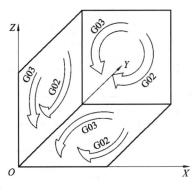

图 13-4 圆弧的方向图

$$G19 \begin{Bmatrix} G02 \\ G03 \end{Bmatrix} Y\_\_ \quad Z\_\_ \begin{Bmatrix} J\_\_ & K\_\_ \\ R\_\_ \end{Bmatrix} F\_\_;$$

说明：

(1) 与圆弧加工有关的指令说明如表 13-2 所示。

(2) 顺时针圆弧插补(G02)与逆时针圆弧插补(G03)的判断方法：从圆弧所在平面的正法线方向观察，如 XY 平面内，从+Z 轴向−Z 轴观察，顺时针转为顺圆；反之为逆圆。

(3) 圆弧所对应的圆心角为 α，当 $0°<\alpha\leqslant180°$ 时，R 取正值；当 $180°<\alpha<360°$ 时，R 取负值。

(4) I、J、K 可理解为圆弧起点指向圆心的矢量分别在 X、Y、Z 轴上的投影，I、J、K 根据方向带有符号，I、J、K 为零时可以省略，如图 13-5 所示。

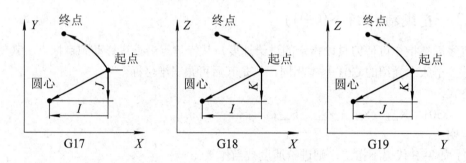

图 13-5 I、J、K 的确定

(5) 整圆编程时不可以使用 R 方式，只能使用 I、J、K 方式。

(6) 在同一程序段中，I、J、K 与 R 同时出现时，R 有效。

表 13-2 圆弧插补指令说明

项　目	命　令	指　定　内　容		意　　义
1	G17	平面指定		XY 平面圆弧指定
	G18			ZX 平面圆弧指定
	G19			YZ 平面圆弧指定
2	G02	回转方向		顺时针转(CW)
	G03			逆时针转(CCW)
3	X、Y、Z 中的两轴	终点位置	G90 方式	工作坐标系中的终点位置坐标
	X、Y、Z 中的两轴		G91 方式	终点相对起点的坐标
4	I、J、K 中的两轴	从起点到圆心的距离		圆心相对起点的位置坐标
	R	圆弧半径		圆弧半径
5	F	进给速度		圆弧的切线速度

13.2.5 刀具半径补偿指令(G41、G42、G40)

在数控铣床及加工中心上进行轮廓加工时，因为铣刀具有一定的半径，所以刀具中心(刀心)轨迹和工件轮廓不重合。数控装置大都具有刀具半径补偿功能，为程序编制提供了方便。当编制零件加工程序时，只需按零件轮廓编程，使用刀具半径补偿指令，并在控制面板上用手动数据输入(MDI)方式，人工输入刀具半径值，数控系统便能自动计算出刀具中心的偏移量，进而得到偏移后的中心轨迹，并使系统按刀具中心轨迹运动。如图 13-6 和图 13-7 所示，使用了刀具半径补偿指令后，数控系统会控制刀具中心自动按图中的点画线进行加工走刀。

G41 是刀具半径左补偿指令。顺着刀具前进方向看(假定工件不动)，刀具位于工件轮廓的左边，称左刀补，如图 13-6 所示。

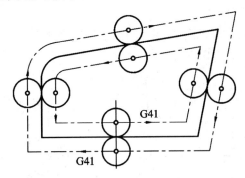

图 13-6 外轮廓补偿

G42 是刀具半径右补偿指令。顺着刀具前进方向看(假定工件不动)，刀具位于工件轮廓的右边，称右刀补，如图 13-7 所示。

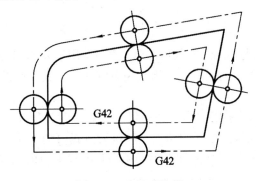

图 13-7 内轮廓补偿

G40 是取消刀具半径补偿指令。使用 G40 指令后，G41、G42 指令无效。

格式：

$$\begin{Bmatrix} G17 \\ G18 \\ G19 \end{Bmatrix} \begin{Bmatrix} G41 \\ G42 \end{Bmatrix} \begin{Bmatrix} G00 \\ G01 \end{Bmatrix} \begin{Bmatrix} X\_\_ & Y\_\_ \\ X\_\_ & Z\_\_ \\ Y\_\_ & Z\_\_ \end{Bmatrix} \quad D\_\_ \quad F\_\_ ;$$

$$\begin{Bmatrix} G17 \\ G18 \\ G19 \end{Bmatrix} \quad G40 \quad \begin{Bmatrix} G00 \\ G01 \end{Bmatrix} \quad \begin{Bmatrix} X\_\_ & Y\_\_ \\ X\_\_ & Z\_\_ \\ Y\_\_ & Z\_\_ \end{Bmatrix} \quad F\_\_;$$

说明：

(1) G41、G42、G40 为模态指令，机床初始状态为 G40。

(2) 建立和取消刀补必须与 G01 或 G00 指令组合完成。建立刀补的过程如图 13-8 所示，刀具从无刀具补偿状态(图中 P_0 点)运动到补偿开始点(图中 P_1 点)，其间为 G01 运动。用刀补轮廓加工完成后，还有一个取消刀补的过程，即从刀补结束点(图中 P_2 点)G01 或 G00 运动到无刀具补偿状态(图中 P_0 点)。

(3) X、Y 是 G01、G00 运动的目标点坐标。图 13-8 中，建立刀补时，X、Y 是 A 点坐标，取消刀补时，是 P_0 点坐标。

(4) 在建立刀具半径补偿的程序段中，不能使用圆弧指令。

(5) G41 或 G42 必须与 G40 成对使用。

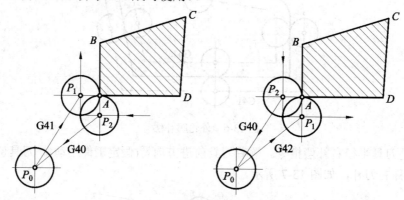

图 13-8　建立和取消刀补过程

(6) D 为刀具偏置代号地址字，其后跟两位数字，用于表示刀具补偿号，即 D00～D99。D 中存放的刀具半径值作为偏置量，用于数控系统计算刀具中心的运动轨迹。偏置量可用 CRT/MDI 方式输入。

(7) 二维轮廓加工一般采用刀具半径补偿。在建立刀具半径补偿之前，刀具应远离零件轮廓适当的距离，且应与选定好的切入点和进刀方式协调，保证刀具半径补偿有效，如图 13-9 所示。刀具半径补偿的建立和取消必须在直线插补段内完成。

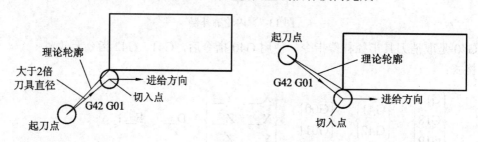

图 13-9　建立刀具半径补偿

(8) 刀具半径补偿的终点应放在刀具切出工件以后，否则会发生碰撞。

例如，在 G17 选择的平面(XY 平面)内，使用刀具半径补偿完成如图 13-10 所示轮廓的加工，加工程序见表 13-3。

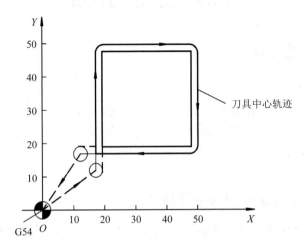

图 13-10　刀具半径补偿示例

表 13-3　用刀具半径补偿编写的数控加工程序

程　序	说　明
O1302;	程序名
N10　T01　M06;	调用 1 号刀(平底刀)
N15　G90　G54　G00　Z100.0　M03　S800;	起始高度(仅用一把刀具，可不加刀长补偿)
N20　G00　X0　Y0;	
N25　Z5.0;	安全高度
N30　G41　X20.0　Y10.0　D01;	刀具半径补偿，D01 为刀具半径补偿号
N35　G01　Z−10.0　F50;	落刀，切深 10 mm
N40　Y50.0;	直线插补
N45　X50.0;	
N50　X10.0;	
N55　G00　Z100.0;	抬刀到起始高度
N60　G40　X0　Y0;	取消半径补偿
N65　M09;	冷却液关闭
N70　M05;	主轴停止
N75　M30;	程序结束并返回程序起点

13.3 工艺分析

13.3.1 零件工艺分析

1. 零件工艺分析

工件在加工时需采用一次装夹方式，首先加工 50 mm × 50 mm 凸台外轮廓，然后加工 68 mm × 68 mm 凸台外轮廓，并保证总高度尺寸；采用平口虎钳夹紧的装夹方式；以工件上表面对称中心为坐标原点。

2. 尺寸计算

(1) 铣 50 mm × 50 mm 凸台外轮廓关键尺寸计算：

$$精铣外轮廓在 X 负方向上的切入点坐标尺寸 = -\frac{50}{2} = -25 \text{ mm}$$

$$精铣外轮廓在 Y 负方向上的切入点坐标尺寸 = -\frac{70}{2} = -35 \text{ mm}$$

精铣外轮廓在 X 负方向上的建立刀具半径补偿起点坐标尺寸 ≤ −25−D(刀具直径)
精铣外轮廓在 Y 负方向上的建立刀具半径补偿起点坐标尺寸 ≤ −35−D(刀具直径)

(2) 铣 68 mm × 68 mm 凸台外轮廓关键尺寸计算：

$$精铣外轮廓在 X 负方向上的切入点坐标尺寸 = -\frac{68}{2} = -34 \text{ mm}$$

$$精铣外轮廓在 Y 负方向上的切入点坐标尺寸 = -\frac{70}{2} = -35 \text{ mm}$$

精铣外轮廓在 X 负方向上的建立刀具半径补偿起点坐标尺寸 ≤ −34−D(刀具直径)
精铣外轮廓在 Y 负方向上的建立刀具半径补偿起点坐标尺寸 ≤ −35−D(刀具直径)

13.3.2 工艺方案

1. 刀具的选择

根据加工要求，选用的刀具见表 13-4。

表 13-4　刀具选择表

产品名称或代号	课内实训样件	零件名称	平面凸台零件		零件图号		13-1	
序　号	刀具号	刀具名称	数　量	加工表面		刀具半径 R/mm	刀具补偿号	备　注
1	T01	立铣刀	1	粗铣凸台外轮廓		10	01	
2	T01	立铣刀	1	精铣凸台外轮廓		10	02	
编　制		审　核		批　准			共 1 页	第 1 页

2. 切削用量的选择

根据加工要求，切削用量的选择见表 13-5。

表 13-5 切削用量表

单位名称	××××××	产品名称或代号		零件名称	零件图号
		课内实训样件		平面凸台零件	13-1
工序号	程序编号	夹具名称	使用设备	数控系统	场 地
013	O1303	精密虎钳	数控铣床 XD—40A	FANUC 0i Mate	数控实训中心 机房、车间
工步号	工步内容		刀具号	刀具规格 /mm	主轴转速 n/(r/min)	进给量 f/(mm/min)	背吃刀量 /mm	备 注
---	---	---	---	---	---	---	---	---
01	粗铣 50 mm × 50 mm 外轮廓		T01	$\phi20$	800	100	9.5	
02	粗铣 68 mm × 68 mm 外轮廓		T01	$\phi20$	800	100	1.5	
03	精铣 50 mm × 50 mm 外轮廓		T01	$\phi20$	1200	120	0.5	
04	精铣 68 mm × 68 mm 外轮廓		T01	$\phi20$	1200	120	0.5	
编 制		审 核		批 准			共 1 页	第 1 页

13.4 程序编制

图 13-1 所示典型案例零件的数控加工程序见表 13-6。

表 13-6 数控加工程序

程 序	说 明
O1303;	工件外轮廓加工程序名
N2 G15 G40 G49 G50 G69 G80;	安全模式：取消指令
N4 G17 G21 G54 G90 G94;	建立工件坐标系等指令
N6 T01;	选择刀具，刀具准备功能
N8 M06;	换刀
N10 M03 S800;	主轴正转，转速为 800 r/min
N12 G00 Z100.0 M08;	主轴快速定位到最大安全高度，冷却液打开
N14 X−60.0 Y−60.0;	快速移动到下刀点位置
N16 Z5.0;	主轴快速下刀定位至最小安全高度
N18 G01 Z−5.0 F500;	主轴进给至−5.0 mm 处，进行 50 mm × 50 mm 外轮廓粗加工
N20 G41 G01 X−25.0 Y−35.0 D01 F100;	建立刀具左补偿，加载 1 号刀补(刀具半径值+粗加工余量)
N22 Y20.0;	直线插补进给至 Y20.0
N24 G02 X−20.0 Y25.0 R5.0;	顺圆插补至 X−20.0，Y25.0
N26 G01 X20.0;	
N28 G02 X25.0 Y20.0 R5.0;	

仿真加工视频

程　序	说　明
N30　G01　Y–20.0;	
N32　G02　X20.0　Y–25.0　R5.0;	
N34　G01　X–20.0;	
N36　G02　X–25.0　Y–20.0　R5.0;	
N38　G03　X–40.0　Y–5.0　R15.0;	逆时针圆弧切出工件轮廓
N40　G00　Z5.0;	主轴快速退刀至最小安全高度
N42　G40　X–60.0　Y–60.0;	取消刀补，刀具快速移到下一工步起刀点
N44　G01　Z–10.0　F500;	主轴进给至–10.0 mm 处，进行 68 mm × 68 mm 外轮廓粗加工
N46　G41　G01　X–34.0　Y–35.0　D01　F100;	建立刀具左补偿，加载 1 号刀补(刀具半径值+粗加工余量)
N48　Y29.0;	
N50　G02　X–29.0　Y34.0　R5.0;	
N52　G01　X29.0;	
N54　G02　X34.0　Y29.0　R5.0;	
N56　G01　Y–29.0;	
N58　G02　X29.0　Y–34.0　R5.0;	
N60　G01　X–29.0;	
N62　G02　X–34.0　Y–29.0　R5.0;	
N64　G03　X–49.0　Y–14.0　R15.0;	
N66　G00　Z5.0;	
N68　G40　X–60.0　Y–60.0;	
N70　M03　S1200;	调整主轴转速，进行精加工
N72　G01　Z–5.0　F500;	主轴进给至–5.0 mm 处，进行 50 mm × 50 mm 外轮廓精加工
N74　G41　G01　X–25.0　Y–35.0　D02　F120;	建立刀具左补偿，加载 2 号刀补(刀具半径值)
N76　Y20.0;	
N78　G02　X–20.0　Y25.0　R5.0;	
N80　G01　X20.0;	
N82　G02　X25.0　Y20.0　R5.0;	
N84　G01　Y–20.0;	
N86　G02　X20.0　Y–25.0　R5.0;	
N88　G01　X–20.0;	
N90　G02　X–25.0　Y–20.0　R5.0;	
N92　G03　X–40.0　Y–5.0　R15.0;	
N94　G00　Z5.0;	主轴快速退刀至最小安全高度
N96　G40　X–60.0　Y–60.0;	取消刀补，刀具快速移到下一工步起刀点
N98　G01　Z–10.0　F500;	主轴进给至–10.0 mm 处，进行 68 mm × 68 mm 外轮廓精加工
N100　G41　G01　X–34.0　Y–35.0　D02　F120;	建立刀具左补偿，加载 2 号刀补(刀具半径值)
N102　Y29.0;	

程　　序	说　　明
N104　G02　X−29.0　Y34.0　R5.0;	
N106　G01　X29.0;	
N108　G02　X34.0　Y29.0　R5.0;	
N110　G01　Y−29.0;	
N112　G02　X29.0　Y−34.0　R5.0;	
N114　G01　X−29.0;	
N116　G02　X−34.0　Y−29.0　R5.0;	
N118　G03　X−49.0　Y−14.0　R15.0;	
N120　G00　Z100.0;	主轴快速退刀至最大安全高度
N122　G40　X0　Y0;	取消刀补,刀具退刀至 X、Y 坐标零点
N124　M05　M09;	主轴停转,冷却液关闭
N126　M30;	程序结束

13.5　拓　展　训　练

在 FANUC 0i Mate 数控铣床上加工如图 13-11 所示的零件,设毛坯是 100 mm × 80 mm × 18 mm 的板料,材料为 45 钢,编制数控加工程序并完成零件的加工。

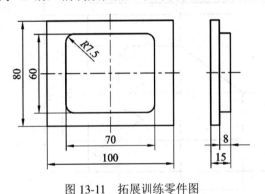

图 13-11　拓展训练零件图

✦✦✦ 自　测　题 ✦✦✦

1. 选择题

(1) 程序中指定半径补偿值的代码是( )。

A. D　　　　　　　　B. B　　　　　　　　C. G　　　　　　　　D. M

(2) 假设主轴正转,为了实现顺铣加工,加工外轮廓时刀具应该( )走刀。

A. 逆时针　　　　　　B. 顺时针　　　　　C. A、B 均可　　　　D. 无法实现

(3) 下列指令中,( )可取消刀具半径补偿。

A. G49　　　　　　　B. G40　　　　　　　C. G00　　　　　　　D. G42

(4) "G91　G00　X30.0　Y−20.0;" 表示( )。

A. 刀具按进给速度移至机床坐标系 $X = 30$ mm，$Y = -20$ mm 点

B. 刀具快速移至机床坐标系 $X = 30$ mm，$Y = -20$ mm 点

C. 刀具快速向 X 正方向移动 30 mm，Y 负方向移动 20 mm

D. 编程错误

(5) 在 XY 平面上，某圆弧圆心为(0，0)，半径为 80，如果需要刀具从(80，0)沿该圆弧到达(0，80)，则程序指令为(　　)。

A. G02　X0　Y80　I80　F300;　　　　B. G03　X0　Y80　I-80　F300;

C. G02　X80　Y0　J80　F300;　　　　D. G03　X80　Y0　J-80　F300;

2．判断题

(　　)(1) 顺时针圆弧用 G02 指令编程。

(　　)(2) 加工圆弧时，刀具半径补偿值一定不能大于被加工零件的最小圆弧半径。

(　　)(3) 在用圆弧插补切削圆弧面时，需要选择 YZ 平面，所选择的 G 指令应是 G18。

(　　)(4) 数控编程时，刀具半径补偿号必须与刀具号对应。

3．编程题

已知毛坯为 120 mm × 100 mm × 12 mm 的板料，材料为硬铝，在 FANUC 0i Mate 数控铣床上加工如图 13-12 所示的零件，编制该零件精加工外轮廓凸台的数控加工程序。

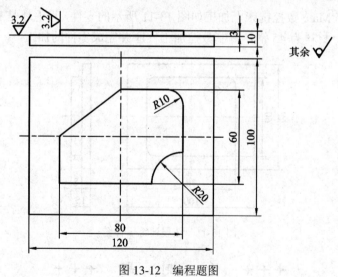

图 13-12　编程题图

自测题答案

项目 14 槽类零件的编程与加工

典型案例：在 FANUC 0i Mate 数控铣床上加工如图 14-1 所示的零件，设毛坯是 70 mm × 70 mm × 10 mm 的板料，且四个侧面和上下表面已加工，材料为 45 钢。

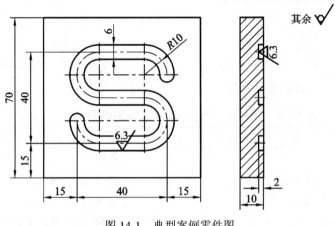

图 14-1 典型案例零件图

14.1 技 能 要 求

(1) 掌握 FANUC 0i Mate 数控系统的编程指令 G00、G01、G17、G18、G19、G02、G03、G43、G44、G49 的编程格式及应用。

(2) 了解数控铣床加工槽类零件的特点，并能够正确地对零件进行数控铣削工艺分析。

(3) 通过对槽类零件的加工，掌握数控铣床加工零件的工艺编制方法。

(4) 通过对槽类零件的加工，掌握数控铣床的编程方法。

14.2 知 识 学 习

14.2.1 插补平面选择指令(G17、G18、G19)

插补平面选择指令用于选择直线、圆弧插补的平面。G17 用于选择 *XY* 平面，G18 用于选择 *XZ* 平面，G19 用于选择 *YZ* 平面，如图 14-2 所示。

格式：

G17 / G18 / G19

说明：

(1) 对于数控铣床和加工中心，通常都是在 *XY* 坐标平面内进行轮廓加工。

(2) G17、G18、G19 指令为模态指令。一般系统初始状态为 G17 状态，故 G17 可省略。

例如，图 14-3 所示是半径为 50 mm 的球面，其球心位于坐标原点 *O*，编写刀具中心轨迹 *A*→*B*、*B*→*C*、*C*→*A* 的圆弧插补和插补平面选择程序，见表 14-1。

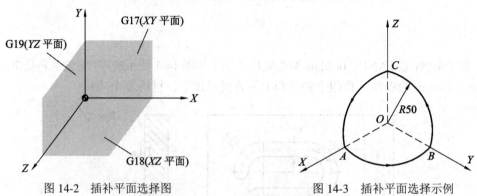

图 14-2　插补平面选择图　　　　　　　　图 14-3　插补平面选择示例

表 14-1　用插补平面选择指令编写的数控加工程序

程　　序	说　　明
O1401；	程序名
N010　G54　G21　G40　G49　G90；	建立工件坐标系
N020　G00　X50.0　Y0；	快速到达起刀点
N030　M03　S800；	主轴正转，转速为 800 r/min
N040　G17　G90　G03　X0　Y50.0　I−50.0　J0；	选择在 *XY* 平面内逆时针圆弧插补
N050　G19　G91　G03　Y−50.0　Z50.0　J−50.0　K0；	选择在 *YZ* 平面内逆时针圆弧插补
N060　G18　G90　G03　X50.0　Z0　R50.0；	选择在 *XZ* 平面内逆时针圆弧插补
N070　M30；	程序结束

14.2.2　螺旋线圆弧插补指令(G02、G03)

在圆弧插补时，垂直插补平面的直线轴同步运动，构成螺旋线插补运动，如图 14-4 所示。G02、G03 分别为顺时针和逆时针螺旋线圆弧插补指令，判断方向的方法同圆弧插补指令。

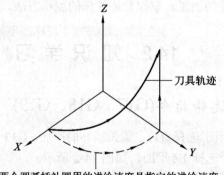

沿着两个圆弧插补圆周的进给速度是指定的进给速度

图 14-4　螺旋线圆弧插补

1. 用 I、J、K 指定圆心

格式：

在 *XY* 平面上：

$$G17 \begin{Bmatrix} G02 \\ G03 \end{Bmatrix} X\_\_ \ Y\_\_ \ I\_\_ \ J\_\_ \ Z\_\_ \ K\_\_ \ F\_\_;$$

在 *XZ* 平面上：

$$G18 \begin{Bmatrix} G02 \\ G03 \end{Bmatrix} X\_\_ \ Z\_\_ \ I\_\_ \ K\_\_ \ Y\_\_ \ J\_\_ \ F\_\_;$$

在 *YZ* 平面上：

$$G19 \begin{Bmatrix} G02 \\ G03 \end{Bmatrix} Y\_\_ \ Z\_\_ \ J\_\_ \ K\_\_ \ X\_\_ \ I\_\_ \ F\_\_;$$

2. 用 R 指定圆心

格式：

在 *XY* 平面上：

$$G17 \begin{Bmatrix} G02 \\ G03 \end{Bmatrix} X\_\_ \ Y\_\_ \ R\_\_ \ Z\_\_ \ F\_\_;$$

在 *XZ* 平面上：

$$G18 \begin{Bmatrix} G02 \\ G03 \end{Bmatrix} X\_\_ \ Z\_\_ \ R\_\_ \ Y\_\_ \ F\_\_;$$

在 *YZ* 平面上：

$$G19 \begin{Bmatrix} G02 \\ G03 \end{Bmatrix} Y\_\_ \ Z\_\_ \ R\_\_ \ X\_\_ \ F\_\_;$$

说明(以 G17 为例)：

(1) X、Y、Z 是螺旋线的终点坐标。

(2) I、J 是圆心在 *XY* 平面上相对螺旋线起点的增量坐标。

(3) K 是螺旋线的导程，为正值。

例如，如图 14-5 所示，刀具从起点开始沿圆弧段进行圆弧插补，通过 R 的正、负值可到 Z 轴不同位置，实现螺旋线插补运动，数控加工程序见表14-2。

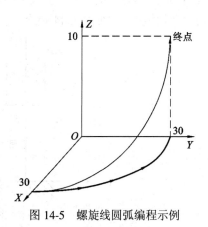

图 14-5　螺旋线圆弧编程示例

表 14-2　数控加工程序

程　　　序	说　　　明
O1402;	程序名
N010　G54　G90　G40　G49　G17;	建立工件坐标系
N020　M03　S800;	主轴正转，转速为 800 r/min
N030　G00　X30.0　Y−50.0　Z0;	快速到达下刀点
N040　G01　Y0　F50;	直线插补
N050　G03　X0　Y30.0　R30.0　Z10.0;	逆时针螺旋线圆弧插补
N060　G00　Z30.0;	刀具移至退刀点
N070　X30.0　Y−50.0;	
N080　M30;	程序结束

14.2.3　刀具长度补偿指令(G43、G44、G49)

G43 为刀具长度正向补偿指令；G44 为刀具长度反向补偿指令；G49 为取消刀具长度补偿指令。刀具长度补偿如图 14-6 所示。

格式：

$$\begin{Bmatrix} G17 \\ G18 \\ G19 \end{Bmatrix} \begin{Bmatrix} G43 \\ G44 \end{Bmatrix} \begin{Bmatrix} G00 \\ G01 \end{Bmatrix} \begin{Bmatrix} Z\_\_ \\ Y\_\_ \\ X\_\_ \end{Bmatrix} \quad H\_\_ \quad F\_\_;$$

$$\begin{Bmatrix} G17 \\ G18 \\ G19 \end{Bmatrix} \quad G49 \quad \begin{Bmatrix} G00 \\ G01 \end{Bmatrix} \begin{Bmatrix} Z\_\_ \\ Y\_\_ \\ X\_\_ \end{Bmatrix} \quad F\_\_;$$

说明(以 G17 为例)：

(1) 无论是绝对值指令，还是增量值指令，在调用 G43 时，数控系统会将程序中 Z 坐标值自动加上 H 代码所指定的偏移量；在调用 G44 时，自动减去 H 代码指定的偏移量，因此在加工中刀具的实际位置如图 14-6 所示。实际应用中，常使用 G43 长度补偿指令，只有在特殊情况下才使用 G44 指令。

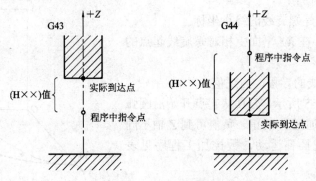

图 14-6　刀具长度补偿

执行 G43 时，$Z_{实际值}=Z_{指令值}+(H\times\times)$；执行 G44 时，$Z_{实际值}=Z_{指令值}-(H\times\times)$。其中，$(H\times\times)$是编号为$\times\times$寄存器中的补偿值，H00～H99。

(2) G43、G44 是模态 G 代码，在遇到同组其他 G 代码之前均有效。

(3) 机床通电后，默认为取消刀具长度补偿状态。

(4) 使用 G43 或 G44 指令进行补偿时，只能有 Z 轴的移动量，若有其他轴向的移动，则会出现警示画面。

(5) 刀具长度补偿量(补偿值)可通过以下三种方法设定：

① 如图 14-7 所示，事先通过机外对刀法测量出刀具长度，如 H01 和 H02，将其作为刀具长度补偿值(该值应为正)输入到对应的刀具补偿参数中，此时，工件坐标系(G54)中 Z 的偏置值应设定为工件原点相对机床原点的 Z 向坐标值(该值为负)。

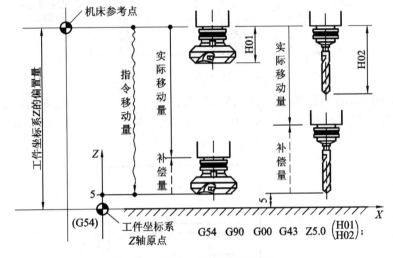

图 14-7　刀具长度补偿设定方法一

② 如图 14-8 所示，将工件坐标系(G54)中 Z 的偏置值设定为零，即 Z 向的工件原点与机床原点重合，通过机内对刀法测量出刀具在 Z 轴返回机床原点时刀位点相对工件基准面的距离(图中 H01、H02 均为负值)，将其作为每把刀具长度补偿值。

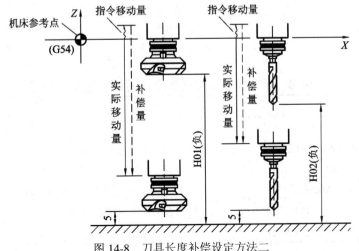

图 14-8　刀具长度补偿设定方法二

数控铣床(加工中心)编程篇　　**193**

③ 如图 14-9 所示，将其中一把刀具作为基准刀，其长度补偿值为零，其他刀具的长度补偿值为与基准刀的长度差值(可通过机外或机内对刀法测量)。此时，应先通过机内对刀法测量出基准刀在 Z 轴返回机床原点时刀位点相对工件基准面的距离，并输入到工件坐标系(G54) Z 的偏置值中。

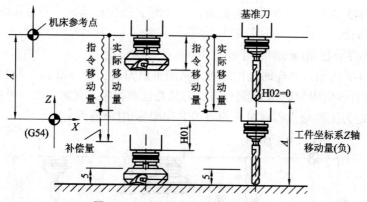

图 14-9　刀具长度补偿设定方法三

例如，如图 14-10 所示的三条槽，槽深均为 2 mm，试用刀具长度补偿指令编程。选择 ϕ 8 mm 铣刀为 1 号刀，刀补设为 0，ϕ 6 mm 铣刀为 2 号刀，刀补设为 2 mm，加工程序见表 14-3。

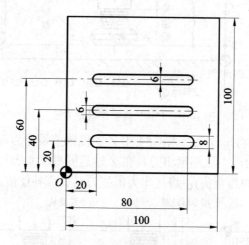

图 14-10　刀具长度补偿示例

表 14-3　用刀具长度补偿指令编写的数控加工程序

程　　序	说　　明
O1403；	程序名
N0020　G54　G90　G17；	建立工件坐标系等指令
N0030　T01　M06；	换 1 号刀
N0040　S1200　M03；	主轴正转，转速为 1200 r/min
N0050　G43　G00　H01　Z100.0；	建立 1 号刀具长度补偿
N0060　G00　X20.0　Y20.0；	1 号刀至下刀点

程 序	说 明
N0070　Z5.0；	
N0080　G01　Z−2.0　F100；	Z 向进刀至槽底
N0090　X80.0；	
N0100　G00　Z100.0；	刀具上提 100 mm
N0110　G49；	
N0120　M06　T02；	换 2 号刀
N0140　S1500　M03；	主轴正转，转速为 1500 r/min
N0150　G43　G00　H02　Z100.0；	建立 2 号刀具长度补偿
N0160　X20.0　Y40.0；	2 号刀至下刀点
N0170　G01　Z−2.0　F100；	Z 向进刀至槽底
N0180　X80.0；	X 向进给槽长
N0190　G00　Z5.0；	
N0200　X20.0　Y60.0；	刀具移至下刀点
N0210　G01　Z−2.0　F100；	Z 向进刀至槽底
N0220　X80.0；	X 向进给槽长
N0230　G00　Z100.0；	
N0240　X0　Y0；	刀具移至退刀点
N0250　G49；	取消刀具补偿
N0260　M05；	
N0270　M30；	程序结束

14.3 工艺分析

14.3.1 零件工艺分析

1．零件工艺分析

工件在加工时需采用一次装夹方式，采用平口虎钳夹紧。通过图纸分析，确定工件 S 型槽加工部分，并保证槽深和槽宽的尺寸。如图 14-11 所示，加工工件时使用 O 为坐标原点。

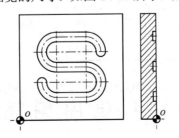

图 14-11　编程原点示意图

2. 尺寸计算

尺寸计算如下：

铣 S 型槽在 X 正方向上的铣削起点坐标尺寸 = 15 mm

铣 S 型槽在 Y 正方向上的铣削起点坐标尺寸 = 15 + 10 = 25 mm

铣 S 型槽在 X 正方向上的铣削终点坐标尺寸 = 15 + 40 = 55 mm

铣 S 型槽在 Y 正方向上的铣削终点坐标尺寸 = 15 + 40 − 10 = 45 mm

14.3.2 工艺方案

1. 刀具的选择

根据加工要求，选用的刀具见表 14-4。

表 14-4　刀具选择表

产品名称或代号		课内实训样件	零件名称	S 型槽零件	零件图号		14-1	
序 号	刀具号	刀具名称	数 量	加工表面	刀具半径 R/mm		刀具补偿号	备注
1	T01	键槽铣刀	1	粗铣 S 型槽	3		01	
2	T02	键槽铣刀	1	精铣 S 型槽	3		02	
编制		审 核		批 准			共 1 页	第 1 页

2. 切削用量的选择

根据加工要求，切削用量的选择见表 14-5。

表 14-5　切削用量表

单位名称	×××××××		产品名称或代号		零件名称		零件图号	
			课内实训样件		S 型槽零件		14-1	
工序号	程序编号	夹具名称	使用设备		数控系统		场 地	
014	O1404	精密虎钳	数控铣床 XD—40A		FANUC 0i Mate		数控实训中心 机房、车间	
工步号	工步内容		刀具号	刀具规格 /mm	主轴转速 n/(r/min)	进给量 f/(mm/min)	背吃刀量 /mm	备 注
01	粗铣 S 型槽		T01	φ6	600	100	1.8	
02	精铣 S 型槽		T02	φ6	800	60	0.2	
编制		审 核		批 准		共 1 页		第 1 页

14.4　程序编制

图 14-1 所示典型案例零件的数控加工程序见表 14-6。

表 14-6 数控加工程序

程 序	说 明
O1404；	工件 S 型槽加工程序名
N2　G15　G40　G49　G50　G69　G80；	安全模式：取消指令
N4　G17　G21　G54　G90　G94；	建立工件坐标系等指令
N6　T01；	选择 1 号刀
N8　M06；	机械手旋转，换刀、装刀
N10　M03　S600；	主轴正转，转速为 600 r/min
N12　G00　G43　H01　Z100.0　M08；	建立 T01 刀具长度补偿
N14　X15.0　Y25.0；	快速移动到下刀点的上方
N16　Z5.0；	冷却液打开
N18　G01　Z−1.8　F100；	粗铣 S 型槽——ϕ6 mm 键槽铣刀 T01
N20　G03　X25.0　Y15.0　R10.0；	逆时针圆弧插补
N22　G01　X45.0；	直线插补
N24　G03　X45.0　Y35.0　R10.0；	逆时针圆弧插补
N26　G01　X25.0；	直线插补
N28　G02　X25.0　Y55.0　R10.0；	顺时针圆弧插补
N30　G01　X45.0；	直线插补
N32　G02　X55.0　Y45.0　R10.0；	顺时针圆弧插补
N34　G00　Z100.0；	快速退刀
N36　G49；	取消刀具长度补偿
N38　T02；	选择 2 号刀
N40　M06；	机械手旋转，换刀、装刀
N42　M03　S800；	主轴正转，转速为 800 r/min
N44　G00　G43　H02　Z100.0　M08；	建立 T02 刀具长度补偿
N46　X15.0　Y25.0；	快速移动到下刀点的上方
N48　Z5.0；	
N50　G01　Z−2.0　F60；	精铣 S 型槽——ϕ6 mm 键槽铣刀 T02
N52　G03　X25.0　Y15.0　R10.0；	逆时针圆弧插补
N54　G01　X45.0；	直线插补
N56　G03　X45.0　Y35.0　R10.0；	逆时针圆弧插补
N58　G01　X25.0；	直线插补
N60　G02　X25.0　Y55.0　R10.0；	顺时针圆弧插补
N62　G01　X45.0；	直线插补
N64　G02　X55.0　Y45.0　R10.0；	顺时针圆弧插补
N66　G00　Z100；	快速退刀
N68　G49；	取消刀具长度补偿
N70　M09；	冷却液停止
N72　M05；	主轴停止
N56　M30；	程序结束并返回程序起点

仿真加工视频

14.5 拓展训练

在 FANUC 0i Mate 数控铣床上加工如图 14-12 所示的零件，设毛坯是 70 mm × 70 mm × 10 mm 的板料，且四个侧面和上下表面已加工，材料为 45 钢，编制数控加工程序并完成零件的加工。

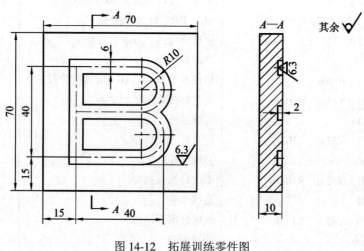

图 14-12 拓展训练零件图

✦✦✦ 自 测 题 ✦✦✦

1. 选择题

(1) 在铣削一个凹槽的拐角时，很容易产生过切。为避免这种现象的产生，通常采取的措施是(   )。

A. 降低进给速度　　　　B. 提高主轴转速　　　　C. 更换直径大的铣刀　　　　D. 不确定

(2) 程序中指定长度补偿值的代码是(   )。

A. D　　　　　　　　B. B　　　　　　　　C. G　　　　　　　　D. H

(3) 铣削一个 XY 平面上的圆弧时，圆弧起点为(30，0)，终点为(-30，0)，半径为 50，圆弧起点到终点的旋转方向为顺时针，则程序为(   )。

A. G18　G90　G02　X-30　Y0　R50　F50；

B. G17　G90　G03　X-300　Y0　R-50　F50；

C. G17　G90　G02　X-30　Y0　R50　F50；

D. G18　G90　G02　X30　Y0　R50　F50；

(4) 下列指令中，(   )可取消刀具长度补偿。

A. G49　　　　　　　B. G40　　　　　　　C. D00　　　　　　　D. G42

(5) 用 FANUC 系统的指令编程，程序"G90　G03　X30.0　Y20.0　R-10.0；"中的"X30.0　Y20.0　R-10.0"表示(   )。

A. 终点的绝对坐标，圆心角小于 180° 并且半径是 10 mm 的圆弧

B. 终点的绝对坐标，圆心角大于 180° 并且半径是 10 mm 的圆弧

C. 刀具在 X 和 Y 方向上移动的距离，圆心角大于 180° 并且半径是 10 mm 的圆弧

D. 终点相对机床坐标系的位置，圆心角大于 180° 并且半径是 10 mm 的圆弧

2. 编程题

铣削如图 14-13 所示的工件，已知毛坯为 100 mm × 100 mm × 10 mm 的板料，材料为 45 钢。要求：

(1) 确定加工方案；

(2) 选择刀具；

(3) 建立工件坐标系；

(4) 编程。

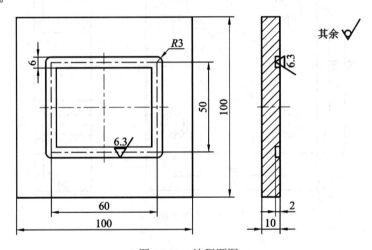

图 14-13 编程题图

自测题答案

项目 15　孔类零件的编程与加工

典型案例：在 FANUC 0i Mate 数控铣床上加工如图 15-1 所示的孔类零件，中心孔已钻，材料为 45 钢。

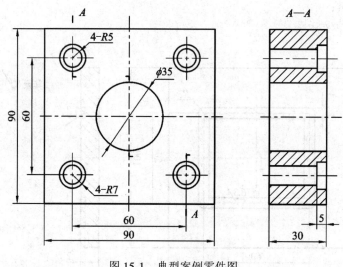

图 15-1　典型案例零件图

15.1　技　能　要　求

(1) 掌握 FANUC 0i Mate 数控系统的各种孔加工循环指令的应用。

(2) 熟悉数控铣床加工孔类零件的特点，并能够正确地对复杂孔类零件进行工艺分析。

(3) 通过对复杂孔类零件的加工，掌握数控铣床的编程技巧。

15.2　知　识　学　习

15.2.1　孔加工循环的动作

如图 15-2 所示，孔加工循环一般由下述 6 个动作组成：

动作 1：X、Y 轴定位。

动作 2：定位到 R 点(定位方式取决于上次是 G00 还是 G01)。

动作 3：孔加工。

动作 4：在孔底的动作。

动作 5：退回到 R 点(参考点)。

动作 6：快速返回到初始点。

固定循环的数据表达形式如图 15-3 所示。

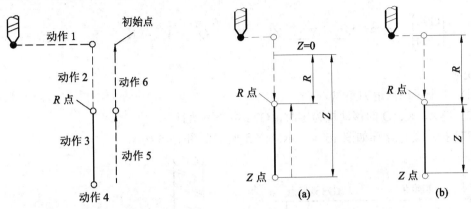

图 15-2　孔加工的 6 个典型动作　　　　图 15-3　固定循环的数据表达形式

15.2.2　孔加工循环指令通用格式

孔加工循环指令通用格式如下：

$$\begin{Bmatrix} G98 \\ G99 \end{Bmatrix} \quad G\_\_ \quad X\_\_ \quad Y\_\_ \quad Z\_\_ \quad R\_ \quad Q\_ \quad P\_\_ \quad I\_\_ \quad J\_\_ \quad K\_\_ \quad F\_\_ \quad L\_;$$

说明：

(1)　G98 用于返回初始平面。

(2)　G99 用于返回 R 点平面。

(3)　G__ 表示固定循环代码 G73、G74、G76 和 G81～G89 其中之一。

(4)　X、Y 表示加工起点到孔位的距离(G91)或孔位坐标(G90)。

(5)　R 表示初始点到 R 点的距离(G91)或 R 点的坐标(G90)。

(6)　Z 表示 R 点到孔底的距离(G91)或孔底坐标(G90)。

(7)　Q 表示每次进给深度(G73/G83)。

(8)　I、J 表示刀具在轴反向的位移增量(G76/G87)。

(9)　P 表示刀具在孔底的暂停时间。

(10)　F 表示切削进给速度。

(11)　L 表示固定循环的次数。

(12)　G73、G74、G76 和 G81～G89、Z 、R 、P 、F 、Q 、I 、J 、K 是模态指令。
G80、G01～G03 等代码可以取消固定循环。

注：以下指令中的参数如果没有特别指出，均参考以上 12 条说明。

15.2.3　孔加工固定循环指令

孔加工固定循环指令有 G73、G74、G76、G80～G89。

1. 高速深孔加工循环指令（G73）

高速深孔加工循环指令用于 Z 轴的间歇进给，使深孔加工时容易排屑，减少退刀量，可以进行高效率的加工。

格式：

$$
\begin{Bmatrix} G98 \\ G99 \end{Bmatrix} \quad G73 \quad X\_\_ \quad Y\_\_ \quad Z\_\_ \quad R\_\_ \quad Q\_\_ \quad P\_\_ \quad K\_\_ \quad F\_\_ \quad L\_\_;
$$

说明：

(1) K 表示每次退刀距离。

(2) 当 Z、K、Q 的移动量为零时，G73 指令不执行。

G73 指令动作循环如图 15-4 所示。深孔加工如图 15-5 所示。

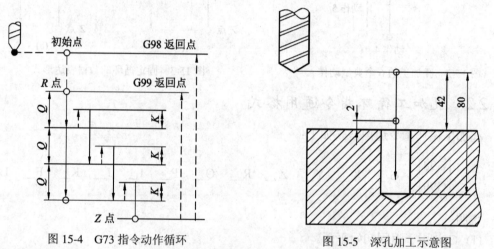

图 15-4　G73 指令动作循环　　　　　图 15-5　深孔加工示意图

例如，加工图 15-6 所示的 5−ϕ8 mm 深为 50 mm 的孔。显然，这属于深孔加工。加工程序如表 15-1 所示。

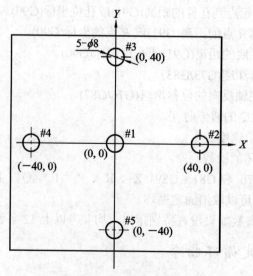

图 15-6　应用举例

表 15-1　用高速深孔加工循环指令(G73)编写的钻孔加工程序

程　　序	说　　明
O1501;	程序名
N10　G54　G90　G00　Z100.0;	建立工件坐标系, 到 Z 向初始点
N20　M03　S600;	主轴启动
N30　G99　G73　X0　Y0　Z−50.0　R5.0　Q5.0　F50;	选择高速深孔钻方式加工#1 孔
N40　X40.0　Y0;	选择高速深孔钻方式加工#2 孔
N50　X0　Y40.0;	选择高速深孔钻方式加工#3 孔
N60　X−40.0　Y0;	选择高速深孔钻方式加工#4 孔
N70　G98　X0　Y−40.0;	选择高速深孔钻方式加工#5 孔
N80　M05;	主轴停
N90　M30;	程序结束

注: ① 上述程序中, 选择高速深孔钻加工方式进行孔加工, 并以 G98/ G99 确定每一孔加工完后, 回到 R 平面。设定孔口表面的 Z 向坐标为 0, R 平面的坐标为 5 mm, 每次切深量 Q 为 5 mm, 系统设定退刀排屑量 d 为 2 mm。

② 加工坐标系设置: G54 设置在工件对称中心。

2．反攻丝循环指令(G74)

G74 为反攻丝循环指令。

格式:

$$\left\{\begin{matrix} G98 \\ G99 \end{matrix}\right\} \quad G74 \quad X\_\_ \quad Y\_\_ \quad Z\_\_ \quad R\_\_ \quad P\_\_ \quad F\_\_ \quad L\_\_;$$

说明:

(1) 攻反螺纹时主轴反转, 到孔底时主轴正转, 然后退回。

(2) 攻丝时, 速度倍率、进给保持均不起作用。

(3) R 点应选在距工件表面 7 mm 以上的地方。

(4) 如果 Z 的移动量为零, 则 G74 指令不执行。

G74 指令动作循环如图 15-7 所示。反攻丝循环如图 15-8 所示。

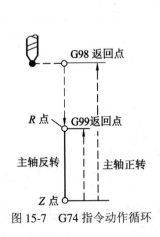

图 15-7　G74 指令动作循环

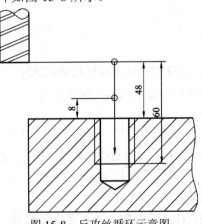

图 15-8　反攻丝循环示意图

3. 精镗循环指令(G76)

G76 为精镗循环指令。

格式：

$$\begin{Bmatrix} G98 \\ G99 \end{Bmatrix} \quad G76 \quad X\_\_ \quad Y\_\_ \quad Z\_\_ \quad R\_\_ \quad P\_\_ \quad I\_\_ \quad J\_\_ \quad F\_\_ \quad L\_\_;$$

说明：

(1) 调用 G76 时，主轴在孔底定向停止后，向刀尖反方向移动，然后快速退刀。这种带有让刀的退刀不会划伤已加工平面，保证了镗孔精度。

(2) 如果 Z 的移动量为零，则 G76 指令不执行。

4. 钻孔(中心钻)循环指令(G81)

G81 为钻孔(中心钻)循环指令。

格式：

$$\begin{Bmatrix} G98 \\ G99 \end{Bmatrix} \quad G81 \quad X\_\_ \quad Y\_\_ \quad Z\_\_ \quad R\_\_ \quad F\_\_ \quad L\_\_;$$

说明：

(1) 钻孔动作循环包括 X、Y 坐标定位、快进、工进和快速返回等动作。

(2) 如果 Z 的移动量为零，则 G81 指令不执行。

G81 指令动作循环如图 15-9 所示。

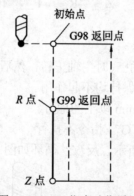

图 15-9　G81 指令动作循环

5. 带停顿的钻孔循环指令(G82)

G82 为带停顿的钻孔循环指令。

格式：

$$\begin{Bmatrix} G98 \\ G99 \end{Bmatrix} \quad G82 \quad X\_\_ \quad Y\_\_ \quad Z\_\_ \quad R\_\_ \quad P\_\_ \quad F\_\_ \quad L\_\_;$$

说明：

(1) G82 指令除了要在孔底暂停外，其他动作与 G81 的相同。暂停时间由 P 给出。

(2) G82 指令主要用于加工盲孔，以提高孔深精度。

(3) 如果 Z 的移动量为零，则 G82 指令不执行。

6．深孔加工循环指令(G83)

G83 为深孔加工循环指令。

格式：

$$\left\{ \begin{array}{l} G98 \\ G99 \end{array} \right\} \quad G83 \quad X\underline{\quad} \quad Y\underline{\quad} \quad Z\underline{\quad} \quad R\underline{\quad} \quad Q\underline{\quad} \quad P\underline{\quad} \quad K\underline{\quad} \quad F\underline{\quad} \quad L\underline{\quad};$$

说明：此指令的动作与 G81 的区别在于，每次进给一定距离后都要有一定距离的退刀，然后快速进给到上一加工表面，再次下刀慢速加工。

7．攻丝循环指令(G84)

G84 为攻丝循环指令。

格式：

$$\left\{ \begin{array}{l} G98 \\ G99 \end{array} \right\} \quad G84 \quad X\underline{\quad} \quad Y\underline{\quad} \quad Z\underline{\quad} \quad R\underline{\quad} \quad P\underline{\quad} \quad F\underline{\quad} \quad L\underline{\quad};$$

说明：

(1) 攻螺纹时，从 R 点到 Z 点主轴正转，在孔底暂停后，主轴反转，然后退回。

(2) 攻丝时，速度倍率、进给保持均不起作用。

(3) R 点应选在距工件表面 7 mm 以上的地方。

(4) 如果 Z 的移动量为零，则 G84 指令不执行。

G84 指令动作循环见图 15-10。

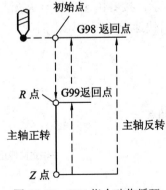

图 15-10　G84 指令动作循环

8．镗孔循环指令(G85)

G85 为镗孔循环指令。

格式：

$$\left\{ \begin{array}{l} G98 \\ G99 \end{array} \right\} \quad G85 \quad X\underline{\quad} \quad Y\underline{\quad} \quad Z\underline{\quad} \quad R\underline{\quad} \quad P\underline{\quad} \quad F\underline{\quad} \quad L\underline{\quad};$$

说明：G85 指令与 G84 指令相同，但在孔底时主轴不反转。

9. 镗孔循环指令(G86)

G86 为镗孔循环指令。

格式：

$$\begin{Bmatrix} G98 \\ G99 \end{Bmatrix} \quad G86 \quad X\_\_ \quad Y\_\_ \quad Z\_\_ \quad R\_\_ \quad F\_\_ \quad L\_\_;$$

说明：

(1) G86 指令与 G81 指令相同，但在孔底时主轴停止，然后快速退回。

(2) 调用此指令后，主轴将保持正转。

(3) 如果 Z 的移动量为零，则 G86 指令不执行。

10. 镗孔循环(背镗)指令(G87)

G87 为镗孔循环(背镗)指令。

格式：

$$\begin{Bmatrix} G98 \\ G99 \end{Bmatrix} \quad G87 \quad X\_\_ \quad Y\_\_ \quad Z\_\_ \quad R\_\_ \quad Q\_\_ \quad F\_\_;$$

说明：

(1) 背镗(又称反镗)孔时的镗孔进给方向与一般孔加工方向相反。背镗加工时，刀具主轴沿 Z 轴正向向上加工进给，安全平面 R 在孔底 Z 的下方。

(2) G87 指令动作循环见图 15-11。镗孔刀先快速定位至 X、Y 所指定的坐标位置后主轴定向停止(OSS)，使刀尖指向一固定的方向，背镗孔刀中心偏移 Q 所指定的偏移量使刀尖离开加工孔面，如图 15-12 所示，接着快速定位至 R 所指定的位置后主轴定向停止并偏移 Q 的量使刀尖离开孔面，然后快速定位至初始点后刀具中心移回原位置，主轴正转，完成循环。

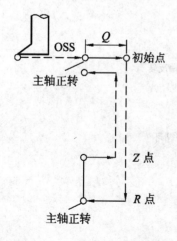

图 15-11　G87 指令动作循环

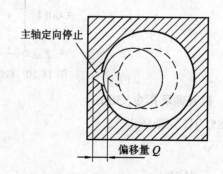

图 15-12　背镗孔刀中心偏移示意图

11. 镗孔循环指令(G88)

G88 为镗孔循环指令。

格式:

$$\begin{Bmatrix} G98 \\ G99 \end{Bmatrix} \quad G88 \quad X\_\_ \quad Y\_\_ \quad Z\_\_ \quad R\_\_ \quad P\_\_ \quad F\_\_ \quad L\_\_;$$

G88 指令动作循环见图 15-13,描述如下:

(1) 在 X、Y 轴定位。

(2) 定位到 R 点。

(3) 在 Z 轴方向上加工至 Z 点(孔底)。

(4) 暂停后主轴停止。

(5) 转换为手动状态,手动将刀具从孔中退出。

(6) 返回到初始平面。

(7) 主轴正转。

(8) 如果 Z 的移动量为零,则 G88 指令不执行。

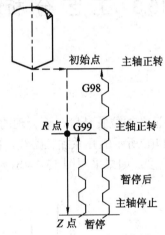

图 15-13　G88 指令动作循环

12. 镗孔循环指令(G89)

G89 为镗孔循环指令。

格式:

$$\begin{Bmatrix} G98 \\ G99 \end{Bmatrix} \quad G89 \quad X\_\_ \quad Y\_\_ \quad Z\_\_ \quad R\_\_ \quad P\_\_ \quad F\_\_ \quad L\_\_;$$

说明:

(1) G89 指令与 G85 指令相同,但在孔底有暂停。

(2) 如果 Z 的移动量为零,则 G89 指令不执行。

13. 取消固定循环指令(G80)

G80 为取消固定循环指令。该指令能取消固定循环,同时 R 点和 Z 点也被取消。

格式：

    G80

使用孔加工固定循环指令时应注意以下几点：

(1) 在固定循环指令前应使用 M03 或 M04 指令使主轴回转。

(2) 在固定循环程序段中，应至少指定 X、Y、Z、R 中的一个，才能进行孔加工。

(3) 在使用控制主轴回转的固定循环(G74、G84、G86)中，如果连续加工一些孔间距比较小，或者初始平面到 R 点平面的距离比较短的孔，会出现在进入孔的切削动作前时，主轴还没有达到正常转速的情况，遇到这种情况时，应在各孔的加工动作之间插入 G04 指令，以获得时间。

(4) 当用 G00～G03 指令注销固定循环时，若 G00～G03 指令和固定循环出现在同一程序段中，则按后出现的指令运行。

(5) 在固定循环程序段中，如果指定了 M，则在最初定位时送出 M 信号，等待 M 信号完成，才能进行孔加工循环。

15.3　工　艺　分　析

15.3.1　零件工艺分析

1. 孔加工的路线安排

孔类零件的加工主要是要保证孔的位置精度，而合理的加工路线可以提高位置精度，减小机床的反向间隙。如图 15-14(a)所示的孔系加工路线，在加工#4 孔时，X 方向的反向间隙会影响 #3、#4 两孔的孔距精度；如果采用图 15-14(b)所示的加工路线，则可使各孔的定位方向一致，提高孔距精度。

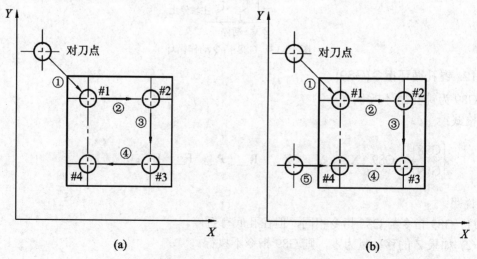

(a)　　　　　　　　　(b)

图 15-14　孔加工的路线安排

2. 装夹

零件的形状规则，可使用平口钳装夹。

3. 编程原点的确定

根据定位基准，选择上表面中心孔的圆心为编程原点。

零件的工艺路线安排如图 15-15 所示。

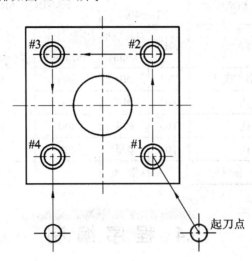

图 15-15　零件的工艺路线安排

15.3.2　工艺方案

1. 刀具的选择

根据加工要求，选用的刀具见表 15-2。

表 15-2　刀具选择表

产品名称或代号	课内实训样件	零件名称	孔加工零件		零件图号	15-1	
序　号	刀具号	刀具名称	数量	加工表面	刀具半径 *R*/mm	刀具补偿号	备　注
1	T01	麻花钻	1	钻阶梯小孔及中心底孔	5		
2	T02	键槽铣刀	1	钻阶梯大孔	7		
3	T03	麻花钻	1	扩中心大孔	17		
4	T04	精镗刀	1	精镗中心孔	17.5		
编　制		审　核		批　准		共 1 页	第 1 页

2. 切削用量的选择

根据加工要求，切削用量的选择见表 15-3。

表 15-3　切削用量表

单位名称	××××××	产品名称或代号		零件名称	零件图号
		课内实训样件		孔加工零件	15-1
工序号	程序编号	夹具名称	使用设备	数控系统	场 地
015	O1502	精密虎钳	数控铣床 XD—40A	FANUC 0i Mate	数控实训中心 机房、车间
工步号	工步内容		刀具号	刀具规格 /mm	主轴转速 n/(r/min)	进给量 fl (mm/min)	背吃刀量 /mm	备 注
01	钻阶梯小孔及中心底孔		T01	$\phi 10$	800	60	5	
02	钻阶梯大孔		T02	$\phi 14$	600	50	2	
03	扩中心大孔		T03	$\phi 34$	400	30	12	
04	精镗中心孔		T04	$\phi 35$	400	30	0.5	
编 制		审 核		批 准		共 1 页	第 1 页	

15.4　程 序 编 制

图 15-1 所示典型案例零件的数控加工程序见表 15-4。

表 15-4　数控加工程序

程　序	说　明
O1502;	程序名
N10　G80　G90　G17　G49　G40;	程序初始化
N20　M00;	机床暂停，手动换刀，装 1 号刀
N30　M03　S800;	主轴正转，转速为 1200 r/min
N40　G54　G43　G00　Z100.0　H01　M08;	建立工件坐标系，建立刀具长度 正补偿
N50　G00　X0　Y0;	
N60　G99　G83　X30.0　Y−30.0　Z−35.0　R3.0　Q5.0　F60;	加工 $\phi 10$ mm 的#1 孔
N70　Y30.0;	加工 $\phi 10$ mm 的#2 孔
N80　X−30.0;	加工 $\phi 10$ mm 的#3 孔
N90　G80　G00　X−30　Y−100;	快速移到工件外面
N100　G98　G83　X−30.0　Y−30.0　Z−35.0　R3.0　Q5.0　F60;	加工 $\phi 10$ mm 的#4 孔
N110　X0　Y0;	加工中心底孔
N120　G49　G80　G00　Z0;	返回 Z 轴参考点
N130　M05　M09;	主轴停止旋转
N140　M00;	机床暂停，手动换刀，装 2 号刀
N150　G54　G43　G00　Z100.0　H02　M08;	建立刀具长度正补偿
N160　M03　S600;	主轴正转，转速为 600 r/min
N170　G99　G81　X30.0　Y−30.0　Z−5.0　R3.0　F50;	加工 $\phi 14$ mm 的#1 孔
N180　Y30.0;	加工 $\phi 14$ mm 的#2 孔

仿真加工视频

程　序	说　明
N190　X-30.0;	加工 ϕ14 mm 的#3 孔
N200　G80　G00　X-30.0　Y-100.0;	快速移到工件外面
N210　G98　G81　X-30.0　Y-30.0　Z-5.0　R3.0　F50;	加工 ϕ14 mm 的#4 孔
N220　G49　G80　G00 Z0;	返回 Z 轴参考点
N230　M05　M09;	主轴停止旋转
N240　M00;	机床暂停，手动换刀，装 3 号刀
N250　G54　G43　G00　Z100.0　H03　M08;	建立刀具长度正补偿
N260　M03　S400;	主轴正转，转速为 400 r/min
N270　G98　G83　X0　Y0　Z-35.0　R3.0　Q5.0　F30;	扩中心大孔 ϕ34 mm
N280　M05　M09;	主轴停止
N290　M00;	机床暂停，手动换刀，装 4 号刀
N300　G54　G43　G00　Z100.0　H04;	建立刀具长度正补偿
N310　M03　S400;	主轴正转，转速为 400 r/min
N320　G98　G76　X0　Y0　Z-30.0　R3.0　Q1.0　P1.0　F30;	精镗 ϕ35 mm 的孔
N330　M05;	主轴停止
N340　M30;	程序结束

注：加工坐标系(G54)设置在工件对称中心。

15.5　拓　展　训　练

编制如图 15-16 所示的螺纹加工程序，设刀具起点距工作表面 100 mm 处，切削深度为 10 mm。

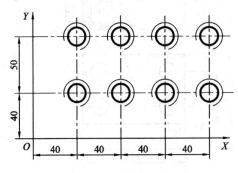

图 15-16　拓展训练零件图

✦✦✦　自　测　题　✦✦✦

1. 选择题

(1) 孔的形状精度主要有(　　)和同轴度。

A. 垂直度　　　　　　　B. 圆度　　　　　　　C. 平行度　　　　　D. 圆柱度

(2) 在孔加工时，往往需要(　　)接近工件，工进速度进行孔加工及孔加工完后快速退回三个固定动作。

A. 快速　　　　　　B. 工进速度　　　　　C. 旋转速度　　　D. 线速度

(3) (　)是为安全进刀切削而规定的一个平面。

A. 初始平面　　　　B. R 点平面　　　　　C. 孔底平面　　　D. 零件表面

(4) 孔加工循环加工通孔时一般刀具还要伸长超过(　)一段距离，主要是保证全部孔深都加工到尺寸，钻削时还应考虑钻头钻尖对孔深的影响。

A. 初始平面　　　　B. R 点平面　　　　　C. 零件表面　　　D. 工件底平面

(5) 固定循环指令中，R 与 Z 的数据指定与(　)的方式选择有关。

A. G98 或 G99　　　B. G90 或 G91　　　C. G41 或 G42　　　D. G43 或 G44

2. 判断题

(　) (1) 铰孔的加工精度很高，因此能对粗加工后孔的尺寸和位置误差作精确的纠正。

(　) (2) 镗孔时为了排屑方便，即使不太深的孔，镗杆长度也应长些，直径应小些。

(　) (3) 孔加工循环与平面选择指令无关，即不管选择哪个平面，孔加工都是在 XY 平面上定位并在 Z 轴方向上钻孔。

(　) (4) 对钻孔的表面粗糙度来讲，钻削速度比进给量的影响大。

(　) (5) 如果固定循环某个孔的加工数据发生了变化，仅修改需要变化的数据即可。

(　) (6) 在钢和铸铁上加工同样直径的内螺纹，钢件的底孔直径比铸铁的稍大。

(　) (7) 钻中心孔时不宜选择较高的机床转速。

3. 编程题

已知毛坯为 60 mm × 40 mm × 20 mm 的板料，材料为 45 钢，在数控铣床上加工如图 15-17 所示零件上的所有的孔，要求用孔加工循环指令编制数控加工程序。

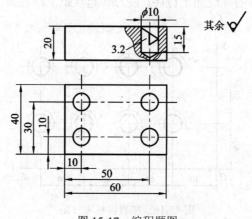

图 15-17　编程题图

自测题答案

项目 16　平面凹槽类零件的编程与加工

典型案例：在 FANUC 0i Mate 数控铣床上加工如图 16-1 所示的零件，设毛坯为 80 mm×80 mm×20 mm 的板料，且四个侧面及上下表面已加工，材料为 45 钢。

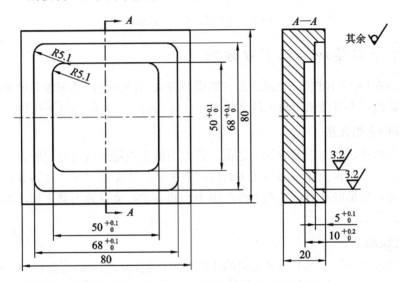

图 16-1　典型案例零件图

16.1　技 能 要 求

(1) 熟悉铣削平面凹槽类零件的加工特点及工艺编制、走刀路线的确定过程。

(2) 掌握 FANUC 0i Mate 数控系统中子程序的应用。

16.2　知 识 学 习

16.2.1　平面凹槽加工路线的制订

二维型腔是指平面封闭轮廓为边界的平底直壁凹坑。内部全部加工的为简单型腔，内部有不许加工的区域(岛)为带岛型腔。如图 16-2 所示为加工简单型腔的三种进给路线。图 16-2(a)和(b)分别表示用行切法和环切法加工型腔的进给路线。这两种进给路线的共同点是都能切净内腔中的全部面积，不留死角，不伤轮廓，同时尽量减少重复进给的搭接量；不同点是行切法的进给路线比环切法的短，但行切法将在每两次进给的起点和终点之间留下残留面积，而达不到所要求的表面粗糙度。综合行切法和环切法的优点，采用图 16-2(c)所示的进给路线，即先用行切法切去中间部分余量，最后环切一刀，这样既能使总的进给路线较短，又能获得较好的表面粗糙度。

(a) 行切法   (b) 环切法   (c) 行切加环切法

图 16-2　简单型腔的三种进给路线

16.2.2　平面凹槽加工的下刀方法

平面凹槽在加工的时候，会遇到很多二维型腔加工的问题，其中最为困难的就是由于二维型腔的特点，不可能从工件毛坯之外下刀，常用的下刀方法有以下三种：

1．预钻削起始孔法

预钻削起始孔法是指在型腔加工之前，首先用钻头或键槽铣刀在型腔上预钻一个要求深度的起始孔，然后再换立铣刀铣去多余的型腔余量。这需要增加一种刀具。从切削的观点看，刀具通过预钻削孔时因切削力而产生不利的振动，会导致刀具损坏，所以不建议采用预钻削起始孔法。

2．坡走铣削法

坡走铣削法是指使用 X/Y 和 Z 方向的线性坡走切削，以达到轴向深度的切削，如图 16-3 所示。在坡走切削过程中 Z 方向每次只能进给少量距离，所以要想达到型腔所要求的深度，可以采用调用子程序的方法，沿直线采用坡走切削往复铣削直到达到要求深度。

3．螺旋下刀法

螺旋下刀法是指以螺旋形式进行圆插补铣下刀的方法，如图 16-4 所示。这是一种非常好的方法，因为它可产生光滑的切削作用，而只要求很小的开始空间。

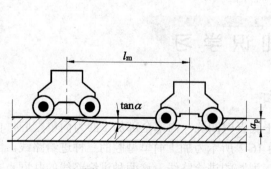

图 16-3　坡走铣削法

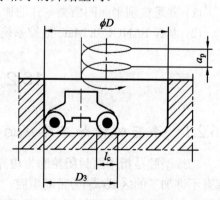

图 16-4　螺旋下刀法

16.3 工艺分析

16.3.1 零件工艺分析

1. 零件工艺分析

工件在加工时需采用一次装夹方式,首先加工 68 mm × 68 mm 凹槽内轮廓,然后加工 50 mm × 50 mm 凹槽内轮廓,并保证总高度尺寸。

2. 尺寸计算

1) 铣 68 mm × 68 mm 凹槽内轮廓关键尺寸计算

精铣内轮廓切入点可设置在轮廓与 X、Y 轴相交的任一特征点,以圆弧方式切入/切出,圆弧半径大于刀具半径。假定以轮廓与 Y 轴负半轴的交点为切入/切出点,则

$$精铣内轮廓在 X 方向上的切入点坐标尺寸 = 0 \text{ mm}$$

$$精铣内轮廓在 Y 负方向上的切入点坐标尺寸 = -\frac{68}{2} = -34 \text{ mm}$$

精铣内轮廓在 X 方向上的建立刀具半径补偿起始点坐标尺寸 ≤ 0 - D(刀具直径)

精铣内轮廓在 Y 方向上的建立刀具半径补偿起始点坐标尺寸 ≥ -34 + D(刀具直径)

2) 铣 50 mm × 50 mm 凹槽内轮廓关键尺寸计算

铣削方式可参照 68 mm × 68 mm 凹槽内轮廓的加工,则

$$精铣内轮廓在 X 方向上的切入点坐标尺寸 = 0 \text{ mm}$$

$$精铣内轮廓在 Y 负方向上的切入点坐标尺寸 = -\frac{50}{2} = -25 \text{ mm}$$

精铣内轮廓在 X 方向上的建立刀具半径补偿起始点坐标尺寸 ≤ 0 - D(刀具直径)

精铣内轮廓在 Y 负方向上的建立刀具半径补偿起始点坐标尺寸 ≥ -25 + D(刀具直径)

16.3.2 工艺方案

1. 刀具的选择

根据加工要求,选用的刀具见表 16-1。

表 16-1　刀具选择表

产品名称或代号	课内实训样件	零件名称	平面凹槽零件		零件图号		16-1	
序　号	刀具号	刀具名称	数　量	加工表面		刀具半径 R/mm	刀具补偿号	备　注
1	T01	键槽铣刀	1	粗铣凹槽内轮廓		10		
2	T02	立铣刀	1	半精铣/精铣凹槽内轮廓		4	12/02	
编　制		审　核		批　准			共 1 页	第 1 页

2. 切削用量的选择

根据加工要求,切削用量的选择见表 16-2。

表 16-2　切削用量表

单位名称	××××××	产品名称或代号		零件名称	零件图号
		课内实训样件		平面凹槽零件	16-1
工序号	程序编号	夹具名称	使用设备	数控系统	场地
016	O1601　O1602 O1603　O1604	精密虎钳	数控铣床 XD—40A	FANUC 0i Mate	数控实训中心 机房、车间

工步号	工步内容	刀具号	刀具规格 /mm	主轴转速 n/(r/min)	进给量 f / (mm/min)	背吃刀量 /mm	备注
01	粗铣 68 mm × 68 mm、50 mm × 50 mm 内轮廓	T01	ϕ20	800	100	10	
02	半精铣 68 mm × 68 mm、50 mm × 50 mm 内轮廓	T02	ϕ8	1000	100	3	
03	精铣 68 mm × 68 mm、50 mm × 50 mm 内轮廓	T02	ϕ8	1500	120	0.5	
编制		审核		批准	共 1 页	第 1 页	

16.4　程序编制

图 16-1 所示典型案例零件的数控加工程序见表 16-3～表 16-6。

表 16-3　平面凹槽零件数控加工主程序

程　序	说　明
O1601;	工件内轮廓加工主程序名
N2　G15　G40　G49　G50　G69　G80;	安全模式：取消指令
N4　G17　G21　G54　G90　G94;	建立工件坐标系等指令
N6　T01;	选择刀具，刀具准备功能
N8　M06;	换刀
N10　M03　S800;	主轴正转，转速为 800 r/min
N12　G43　G00　Z100.0　H01　M08;	建立刀具长度补偿，主轴快速定位到最大安全高度，冷却液打开
N14　X0　Y0;	快速移动到下刀点位置
N16　Z5.0;	主轴快速下刀定位至全局最小安全高度
N18　M98　P1602;	调用子程序 O1602，完成凹槽内轮廓的粗加工
N20　G49　M09;	取消刀具长度补偿，冷却液关闭
N22　T02;	选择刀具，刀具准备功能

仿真加工视频

程　　序	说　　明
N24　M06；	换刀
N26　M03　S1000；	主轴正转，转速为 1000 r/min
N28　G43　G00　Z100.0　H02　M08；	
N30　X0　Y0；	
N32　Z5.0；	
N34　G41　G01　X-20.0　Y-14.0　D12　F100；	建立刀具左补偿，加载 12 号刀补(刀具半径值+半精加工余量)
N36　M98　P1603；	调用子程序 O1603，完成 68 mm × 68 mm 凹槽内轮廓的半精加工
N38　G40　G00　X0　Y0；	取消刀具半径补偿，刀具快速移到下一工步起刀点
N40　G41　G01　X-20.0　Y-5.0　D12　F100；	建立刀具左补偿，加载 12 号刀补(刀具半径值+半精加工余量)
N42　M98　P1604；	调用子程序 O1604，完成 50 mm × 50 mm 凹槽内轮廓的半精加工
N44　G40　G00　X0　Y0；	取消刀具半径补偿，刀具快速移到下一工步起刀点
N46　S1500；	开始精加工，主轴调速，转速设为 1500 r/min
N48　G41　G01　X-20.0　Y-14.0　D02　F120；	建立刀具左补偿，加载 2 号刀补(刀具半径值)
N50　M98　P1603；	调用子程序 O1603，完成 68 mm × 68 mm 凹槽内轮廓的精加工
N52　G40　G00　X0　Y0；	
N54　G41　G01　X-20.0　Y-5.0　D02　F120；	建立刀具左补偿，加载 2 号刀补(刀具半径值)
N56　M98　P1604；	调用子程序 O1604，完成 50 mm × 50 mm 凹槽内轮廓的精加工
N58　G40　G00　X0　Y0；	
N60　Z100.0；	
N62　G49；	
N64　M05　M09；	
N66　M30；	主程序结束

表 16-4　平面凹槽零件粗加工子程序

程　序	说　明
O1602；	工件内轮廓粗加工子程序名
N2　G90　G00　X–23.5　Y23.5；	快速移动到下刀点位置
N4　G01　Z–5.0　F50；	主轴进给至–5.0 mm 处，进行 68 mm×68 mm 内轮廓粗加工
N6　G01　X23.5　F100；	
N8　Y13.5；	
N10　X–23.5；	
N12　Y3.5；	
N14　X23.5；	
N16　Y–3.5；	
N18　X–23.5；	
N20　Y–13.5；	
N22　X23.5；	
N24　Y–23.5；	
N26　X–23.5；	
N28　G00　Z0；	主轴快速退刀至最小安全高度
N30　X–14.5　Y14.5；	刀具快速移到下一工步起刀点
N32　G01　Z–10.0　F50；	主轴进给至–10.0 mm 处，进行 50 mm×50 mm 内轮廓粗加工
N34　G01　X14.5　F100；	
N36　Y4.5；	
N38　X–14.5；	
N40　Y–4.5；	
N42　X14.5；	
N44　Y–14.5；	
N46　X–14.5；	
N48　G00　Z5.0；	主轴快速退刀至全局最小安全高度
N50　X0　Y0；	刀具退刀至 X、Y 坐标零点
N52　M99；	子程序结束并返回主程序

表 16-5　平面凹槽零件 68 mm×68 mm 内轮廓精加工子程序

程　序	说　明
O1603;	工件 68 mm×68 mm 内轮廓加工程序名
N2　G90　G01　Z−5.0;	主轴进给至−5.0 mm 处，进行 68 mm×68 mm 内轮廓精加工
N4　G03　X0　Y−34.0　R20.0;	逆时针圆弧切入轮廓起点 X0,Y−34.0；圆弧半径为 20.0
N6　G01　X28.9;	
N8　G03　X34.0　Y−28.9　R5.1;	
N10　G01　Y28.9;	
N12　G03　X28.9　Y34.0　R5.1;	
N14　G01　X−28.9;	
N16　G03　X−34.0　Y28.9　R5.1;	
N56　G01　Y−28.9;	
N58　G03　X−28.9　Y−34.0　R5.1;	
N60　G01　X0;	
N62　G03　X20.0　Y−14.0　R20.0;	逆时针圆弧切出轮廓终点 X20.0，Y−14.0；圆弧半径为 20.0
N64　G00　Z5.0;	主轴快速退刀至全局最小安全高度
N66　M99;	子程序结束并返回主程序

表 16-6　平面凹槽零件 50 mm×50 mm 内轮廓精加工子程序

程　序	说　明
O1604;	工件 50 mm×50 mm 内轮廓加工子程序名
N2　G90　G01　Z−10.0;	主轴进给至−10.0 mm 处，进行 50 mm×50 mm 内轮廓精加工
N4　G03　X0　Y−25.0　R20.0;	逆时针圆弧切入轮廓起点 X0，Y−25.0；圆弧半径为 20.0
N6　G01　X19.9;	
N8　G03　X25.0　Y−19.9　R5.1;	
N10　G01　Y19.9;	
N12　G03　X19.9　Y25.0　R5.1;	
N14　G01　X−19.9;	
N16　G03　X−25.0　Y19.9　R5.1;	
N56　G01　Y−19.9;	
N58　G03　X−19.9　Y−25.0　R5.1;	
N60　G01　X0;	
N62　G03　X20.0　Y−5.0　R20.0;	逆时针圆弧切出轮廓终点 X20.0，Y−5.0；圆弧半径为 20.0
N64　G00　Z5.0;	主轴快速退刀至全局最小安全高度
N66　M99;	子程序结束并返回主程序

16.5 拓 展 训 练

在 FANUC 0i Mate 数控铣床上精加工如图 16-5 所示零件的内、外表面，建议刀具直径选 ϕ8 mm，材料为 45 钢，编制数控加工程序并完成零件的加工。

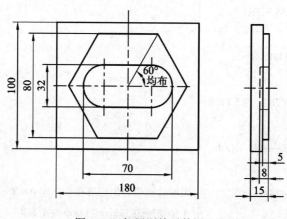

图 16-5　拓展训练零件图

✦✦✦ 自 测 题 ✦✦✦

1．选择题

(1) 适合数控加工的零件其内腔和外形最好采用( )的几何类型和尺寸，这样可以减少刀具规格和换刀次数，便于编程，提高生产率。

A．统一　　　　　B．不同　　　　　C．系列化　　　　D．多样化

(2) 对箱体类零件上的一些孔和型腔有位置公差要求的以及孔和型腔与基准面(底面)有严格尺寸精度要求的，在卧式加工中心( )装夹加工，精度容易得到保证。

A．一次　　　　　B．二次　　　　　C．三次　　　　　D．多次

(3) 用 ϕ12 的刀具进行轮廓的粗细加工，要求精加工余量为 0.4，则粗加工刀具半径补偿值为( )。

A．12.4　　　　　B．11.6　　　　　C．6.4

(4) 设 H01=6 mm，执行"G91　G43　G01　Z−15；"后的实际移动量为( )。

A．9 mm　　　　　B．21 mm　　　　C．15 mm

(5) 在加工内圆弧面时，刀具半径的选择应该是( )圆弧半径。

A．大于　　　　　B．小于　　　　　C．等于　　　　　D．大于或等于

2．判断题

( ) (1) 无论是从取消偏置方式移向刀具半径补偿方式(G41、G42)，还是刀具半径补偿方式移向取消偏置方式(G40)，其移动指令必须是 G00、G01，不能用圆弧(G02、G03)插补。

（　　）(2) 为保证工件轮廓表面加工后的粗糙度要求，最终轮廓应安排在最后一次走刀中连续加工出来。

（　　）(3) 刀具长度补偿的偏置量必须为正值。

（　　）(4) 欲加工 ϕ6H7 深 30 mm 的孔，合理的用刀顺序是 ϕ2.0 中心钻、ϕ5.8 麻花钻、ϕ6H7 精铰刀。

（　　）(5) 球头铣刀的刀位点是刀具中心线与球面的交点。

3. 编程题

已知毛坯尺寸为 100 mm × 100 mm × 30 mm，材料为 45 钢，在数控铣床上加工如图 16-6 所示的零件，要求：

(1) 确定加工方案；

(2) 选择刀具；

(3) 建立工件坐标系；

(4) 编制数控加工程序。

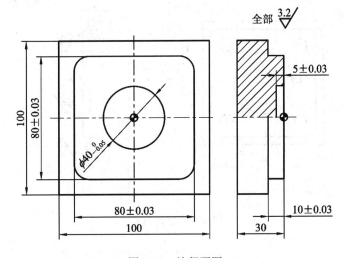

图 16-6　编程题图

自测题答案

项目 17　加工中心典型零件的编程与加工

典型案例：在 FANUC 0i Mate 数控铣床上加工如图 17-1 所示的零件，设毛坯为 80 mm × 80 mm × 30 mm 的硬铝，要求粗、精加工各表面。

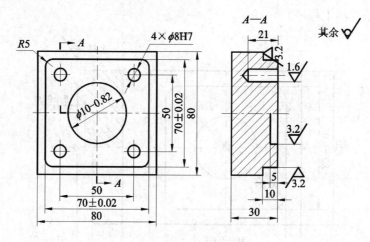

图 17-1　典型案例零件图

17.1　技 能 要 求

(1) 掌握加工中心典型指令的格式及应用。
(2) 通过对中等复杂零件的编程与加工，掌握加工中心的编程技巧。

17.2　知 识 学 习

17.2.1　返回参考点指令(G28)和从参考点返回指令(G29)

执行 G28 指令时，各轴先以 G00 的速度快移到程序指定的中间点位置，然后自动返回参考点。

格式：

G28　X__　Y__　Z__;

执行 G29 指令时，各轴先以 G00 的速度快移到由前段 G28 指令定义的中间点位置，然后快速定位到程序指定的目标点。

格式：

G29　X__　Y__　Z__;

说明：

(1) 使用 G28 指令前，要求机床在通电后必须(手动)返回过一次参考点。

(2) G28、G29 指令均属非模态指令，只在本程序段内有效。

(3) 使用 G28、G29 指令时，从中间点到参考点的移动量不需计算。

G29 指令一般在 G28 指令后出现。其应用习惯通常为：在换刀程序前先执行 G28 指令返回参考点(换刀点)，执行换刀程序后，再用 G29 指令向新的目标点移动。

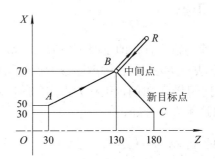

图 17-2　回参考点编程图例

例如，图 17-2 所示的程序如下：

⋮

N50　G90　G28　X70.0　Z130.0;　　　(A→B→R)

N60　T0202;　　　　　　　　　　　　(换刀)

N70　G29　X30.0　Z180.0;　　　　　　(R→B→C)

⋮

对于没有参考点设定功能的机床，在需要换刀时，应先用 G00 快速移到远离工件的某一坐标处(注意不要超程)；再在 M00 程序指令下，用手工旋动刀架进行换刀(旋动前应松动刀架锁紧手柄，转位后则应锁紧手柄)；然后按"循环启动"或 F10 功能键继续运行下一段带刀补功能 T 代码的程序实施刀补。

17.2.2　刀具选择与刀具交换指令(M06)

换刀程序是加工中心特有的程序。除换刀程序外，加工中心的编程方法与普通数控铣床基本相同。

刀具的选择是将刀库上指定了刀号的刀具转到换刀的位置，为下次换刀做准备。这一动作的实现是通过选刀指令——T 功能实现的。

刀具交换是指刀库上正处于换刀位置的刀具与主轴上的刀具进行自动交换。这一动作的实现是通过换刀指令——M06 指令实现的。

不同的数控系统，其换刀程序是不同的。通常选刀和换刀分开进行。换刀动作必须在主轴停转条件下进行，换刀完毕启动主轴后，方可执行下面程序段的加工动作；选刀动作可与机床的加工动作重合起来。常用的换刀程序方法有以下两种。

方法一：
    ⋮
    N60   G28   Z0   T02   M06；
    ⋮

方法二：
    N30   G01   Z30   T02；
    ⋮
    N90   G28   Z0   M06；
    N100   G01   Z__   T03；
    ⋮

多数加工中心都规定了换刀点位置，即定距离换刀。一般立式加工中心规定换刀的位置在机床 Z 轴零点，采用方法一换刀时，Z 轴返回参考点的同时，刀库进行选刀，然后进行换刀，若 Z 轴的回零时间小于选刀时间，则换刀占用的时间较长；方法二是采用提前选刀，回零后立即换刀，所以这种方法较好。

17.2.3　比例及镜像功能指令（G51、G50）

比例及镜像功能指令可使原编程尺寸按指定比例缩小或放大，也可让图形按指定规律产生镜像变换。G51 为比例编程指令；G50 为撤销比例编程指令。G50、G51 均为模态指令。

1. 各轴按相同比例编程

各轴可以按相同比例缩小或放大。

格式：
    G51   X__   Y__   Z__   P__；
    ⋮
    G50；

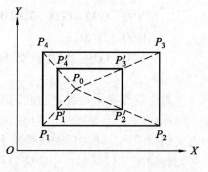

其中：X、Y、Z 是比例中心坐标(绝对方式)；P 是比例系数。

例如，在图 17-3 中，$P_1 \sim P_4$ 为原编程图形，$P_1' \sim P_4'$ 为比例编程后的图形，P_0 为比例中心。

图 17-3　各轴按相同比例编程示例

2. 各轴按不同比例编程

各轴也可以按不同比例缩小或放大，当给定的比例系数为-1 时，可获得镜像加工功能，如图 17-4 所示。

格式：
    G51   X__   Y__   Z__   I__   J__   K__；
    ⋮
    G50；

其中：X、Y、Z是比例中心坐标；I、J、K是对应X、Y、Z轴的比例系数。

图17-5是镜像功能的应用实例，其中槽深为2 mm，比例系数取为1或-1。设刀具起始点在O点，程序如表17-1所示。

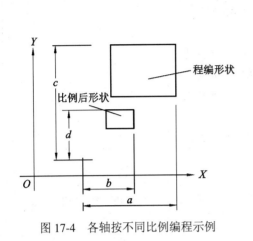

图17-4　各轴按不同比例编程示例

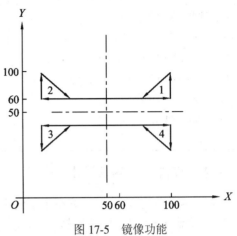

图17-5　镜像功能

表 17-1　镜像功能主程序

程　　序	说　　明
O1701；	主程序名
N10　M03　S600；	
N20　G55　G90　G01　X0　Y0　Z10.0；	
N30　M98　P1702；	调用子程序切削1号三角形
N40　G51　X50.0　Y50.0　I-1.0　J+1.0；	以X50，Y50为比例中心，以X比例系数为-1、Y比例系数为+1开始镜像
N50　M98　P1702；	调用子程序切削2号三角形
N60　G51　X50.0　Y50.0　I-1.0　J-1.0；	以X50，Y50为比例中心，以X比例系数为-1、Y比例系数为-1开始镜像
N70　M98　P1702；	调用子程序切削3号三角形
N80　G51　X50.0　Y50.0　I+1.0　J-1.0；	以(X50，Y50)为比例中心，以X比例系数为+1、Y比例系数为-1开始镜像
N90　M98　P1702；	调用子程序切削4号三角形
N100　G50；	取消镜像
N110　M05；	
N120　M30；	主程序结束

表 17-2　镜像功能子程序

程　　序	说　　明
O1702;	子程序名
N10　G00　X80.0　Y60.0;	到三角形左顶点
N20　G01　Z-2.0　F100;	
N30　G01　X100.0　Y60.0;	切削三角形一边
N40　X100.0　Y100.0;	切削三角形第二边
N50　X80.0　Y60.0;	切削三角形第三边
N60　G00　Z4.0;	
N70　M99;	子程序结束并返回主程序

17.2.4　旋转指令(G68、G69)

旋转指令可使编程图形按指定旋转中心及旋转方向旋转一定的角度,其中 G68 表示开始坐标旋转,G69 用于撤销旋转。

格式:

G68　X＿　Y＿　R＿;

⋮

G69

说明:

(1) X、Y 为旋转中心的坐标值(可以是 X、Y、Z 中的任意两个,由当前平面选择指令确定)。如果省略 X、Y,则以当前的位置为旋转中心。

(2) R 为旋转的角度,逆时针旋转定义为正向。旋转角度范围:−360.0～+360.0,单位为 0.001°。当 R 省略时,按系统参数确定旋转角度。当程序采用绝对方式编程时,G68 程序段后的第一个程序段必须使用绝对坐标指令,才能确定旋转中心。如果这一程序段为增量值,那么系统将以当前位置为旋转中心,按 G68 给定的角度旋转坐标。

例如,"G68　R60;"表示以程序原点为旋转中心,将图形旋转 60°;"G68　X15. Y15. R60;"表示以坐标(15,15)为旋转中心将图形旋转 60°。

图 17-6 所示的旋转程序见表 17-3 和表 17-4。

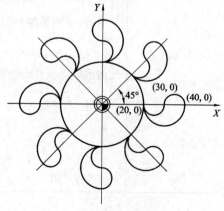

图 17-6　坐标系的旋转

表 17-3 旋转加工主程序

程　序	说　明
O1703；	主程序名
N100 G90 G00 X0 Y0；	快速定位到工件中心
N110 G68 R45.0；	调用旋转指令
N120 M98 P1704；	调用子程序
⋮	再旋转加工 7 次
N250 G68 R45.0；	
N260 M98 P1704；	
N270 G69；	旋转结束
N280 M30；	主程序结束

表 17-4 旋转加工子程序

程　序	说　明
O1704；	子程序名
N10 G91 G17；	设置平面及相对坐标方式
N20 G01 X20.0 Y0 F250；	圆弧瓣加工程序
N30 G03 X20.0 Y0 R10.0；	
N40 G02 X−10.0 Y0 R5.0；	
N50 G02 X−10.0 Y0 R5.0；	
N60 G00 X−20.0 Y0；	退刀
N70 M99；	子程序结束并返回主程序

17.2.5 极坐标系设定指令(G16、G15)

G16 为极坐标系指令，G15 为极坐标系取消指令。

极坐标轴的方位取决于 G17、G18、G19 指定的加工平面。当用 G17 指定加工平面时，+X 轴为极轴，程序中的 X 指极半径，Y 指极角；当用 G18 指定加工平面时，+Z 轴为极轴，程序中的 Z 指极半径，X 指极角；当用 G19 指定加工平面时，+Y 轴为极轴，程序中的 Y 指极半径，Z 指极角。

例如，加工如图 17-7 所示的螺栓圆孔，采用极坐标编程，参考程序如下：

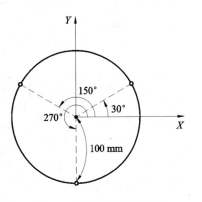

图 17-7 极坐标指令应用

　　N1　G17　G90　G16；　　(选择 XY 平面，设定工件坐标系的零点作为极坐标系的原点)

　　N2　G81　X100.0　Y30.0　Z−20.0　R−5.0　F200.0；

　　N3　Y150.0；

　　N4　Y270.0；

　　N5　G15　G80；　　　　(取消极坐标)

17.3 工艺分析

17.3.1 零件工艺分析

由图 17-1 可知，该零件主要加工表面有外框、内圆槽及沉孔等，关键加工在于内槽加工，加工该表面时要特别注意刀具进给，避免过切。因该零件既有外形又有内腔，所以加工时应先粗后精，充分考虑到内腔加工后尺寸的变形，以保证尺寸。该零件选择在加工中心上加工。该工件不大，可采用通用夹具虎钳作为夹紧装置。

17.3.2 工艺方案

铣刀材料和几何参数主要根据零件材料切削加工性、工件表面几何形状和尺寸大小选择；切削用量应依据零件材料特点、刀具性能及加工精度要求确定。通常为提高切削效率要尽量选用大直径的铣刀；侧吃刀量取刀具直径的三分之一到二分之一(即 Z 方向一次吃刀深度)，背吃刀量应大于冷硬层厚度；切削速度和进给速度应通过试验来选取效率和刀具寿命的综合最佳值。精铣时切削速度应高一些。

铣外轮廓时，刀具沿零件轮廓切向切入。切向切入可以是直线切向切入，也可以是圆弧切向切入。

切削用量的具体数值，应根据数控机床使用说明书的规定，被加工工件材料的类型(如铸铁、钢材、铝材等)，加工工序(如车铣、钻等粗加工，半精加工，精加工等)以及其他工艺要求，并结合实际经验来确定。

1. 刀具的选择

根据加工要求，选用的刀具见表 17-5。

表 17-5 刀具选择表

产品名称或代号		课内实训样件	零件名称	加工中心典型零件	零件图号	17-1	
序 号	刀具号	刀具名称	数 量	加工表面	刀具直径 R/mm	刀具补偿号	备 注
1	T01	中心钻	1	打中心孔	φ3	H01	
2	T02	立铣刀	1	外方框、内圆槽粗加工	φ16	H02、D02	D07
3	T03	立铣刀	1	外方框、内圆槽精加工	φ10	H03、D03	
4	T04	麻花头	1	钻孔	φ7.8	H04	
5	T05	铰刀	1	铰孔	φ8H7	H05	
编 制		审 核		批 准		共 1 页	第 1 页

2. 切削用量的选择

根据加工要求，切削用量的选择见表 17-6。

表 17-6　切削用量表

单位名称	×××××	产品名称或代号		零件名称	零件图号
		课内实训样件		加工中心典型零件	17-1
工序号	程序编号	夹具名称	使用设备	数控系统	场　地
017	O1705 O1706 O1707	精密虎钳	加工中心 VDL—800	FANUC 0i Mate	数控实训中心 机房、车间

工步号	工步内容	刀具号	刀具规格 /mm	主轴转速 n/(r/min)	进给量 f/(mm/min)	背吃刀量 /mm	备　注
01	打中心孔	T01	$\phi3$	849	856		
02	外方框、内圆槽粗加工	T02	$\phi16$	600	119		
03	外方框、内圆槽精加工	T03	$\phi10$	955	76		
04	钻孔	T04	$\phi7.8$	612	85		
05	铰孔	T05	$\phi8H7$	199	24		
编制		审　核		批　准		共 1 页	第 1 页

17.4　程 序 编 制

图 17-1 所示典型案例零件的数控加工程序见表 17-7～表 17-9。

表 17-7　数控加工主程序

程　　序	说　　明
O1705;	主程序名
N010　T01　M06;	$\phi3$ mm 中心孔
N020　G90　G54　G00　X0　Y0　S849　M03;	
N030　G43　G00　Z100.0　H01　M08;	
N040　G98　G81　X0　Y0　Z-3.0　R5.0　F85;	打中心孔
N050　X25.0　Y25.0;	
N060　X-25.0;	
N070　Y-25.0;	
N080　X25.0;	
N090　G80　G49　M09;	
N100　T02　M06;	$\phi16$ 端铣刀
N110　M03　S600;	
N120　G43　G00　H02　Z100.0　M08;	
N130　G00　Y-65.0;	
N140　Z2.0;	
N150　G01　Z-9.8　F40;	

仿真加工视频

程　　　序	说　　明
N160　D02　M98　P1706　F120；	外方框粗加工，D02 的补偿值为 8.2 mm
N170　G0　Z10.0；	
N180　X0　Y0；	
N190　Z2.0；	
N200　G01　Z-4.8；	
N210　D07　M98　P1707　F120；	内圆槽粗加工，D07 的补偿值为 13 mm
N220　G0　Z50.0　M09；	
N230　T03　M06；	$\phi10$ mm 端铣刀
N240　M03　S955；	
N250　G43　G00　Z100.0　H03　M08；	
N260　G00　Y-65.0；	
N270　Z2.0；	
N280　G01　Z-10.0　F64；	
N290　D03　M98　P1706　F76；	外方框精加工，D03 的补偿值为 5 mm
N300　G00　Z50.0；	
N310　X0　Y0；	
N320　Z2.0；	
N330　G01　Z-5.0　F64；	
N340　D03　M98　P1707　F76；	内圆槽精加工
N350　G00　Z100.0　M09；	
N360　T04　M06；	$\phi7.8$ mm 麻花钻
N370　G43　G00　Z50.0　H04；	
N380　M03　S612；	
N390　M08；	
N400　G83　X25.0　Y25.0　R5.0　Z-22.0　Q3.0　F61；	钻孔
N410　X-25.0；	
N420　Y-25.0；	
N430　X25.0；	
N440　G80　M09；	
N450　T05　M06；	$\phi8H7$ 铰刀
N460　M03　S199；	
N470　G43　G00　Z100.0　H05；	
N480　M08；	
N490　G85　X25.0　Y25.0　R5.0　Z-15.0　F24；	铰孔
N500　X-25.0；	

程　　序	说　　明
N510　Y−25.0；	
N520　X25.0；	
N530　G80　M09；	
N540　G00　Z100.0；	
N550　M05；	
N560　M30；	主程序结束

表 17-8　外方框子程序

程　　序	说　　明
O1706；	外方框子程序名
N010　G41　G01　X30.0　F100；	
N020　G03　X0　Y−35.0　R30.0；	
N030　G01　X−30.0；	
N040　G02　X−35.0　Y−30.0　R5.0；	
N050　G01　Y30.0；	
N060　G02　X−30.0　Y35.0　R5.0；	
N070　G01　X30.0；	
N080　G02　X35.0　Y30.0　R5.0；	
N090　G01　Y−30.0；	
N100　G02　X30.0　Y−35.0　R5.0；	
N110　G01　X0；	
N120　G03　X−30.0　Y−65.0　R30.0；	
N130　G40　G01　X0；	
N140　M99；	子程序结束并返回主程序

表 17-9　内圆槽子程序

程　　序	说　　明
O1707；	内圆槽子程序名
N010　G41　G01　X−5.0　Y15.0　F100；	
N020　G03　X−20.0　Y0　R15.0；	
N030　G03　X−20.0　Y0　I20.0　J0；	
N040　G03　X−5.0　Y−15.0　R15.0；	
N050　G40　G01　X0　Y0；	
N060　M99；	子程序结束并返回主程序

17.5　拓 展 训 练

如图 17-8 所示，已知毛坯尺寸为 100 mm × 100 mm × 50mm，材料为 45 钢，编制数控加工程序并完成零件的加工。

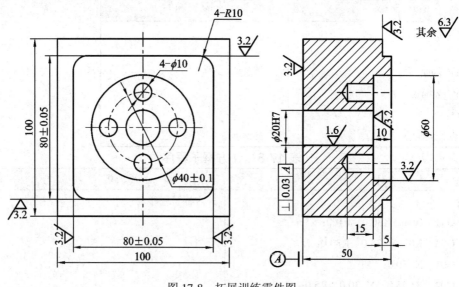

图 17-8　拓展训练零件图

◆◆◆ 自 测 题 ◆◆◆

1. 选择题

(1) 一般情况下，在(　　)范围内的螺孔可在加工中心上直接完成。

A. M10～M30　　　　B. M6～M20　　　　C. M6～M10　　　　D. M1～M5

(2) 有一平面轮廓的数学表达为 $(x-2)^2 + (y-5)^2 = 64$ 的圆，欲加工其内轮廓，下列刀具中，应选(　　)。

A. $\phi24$ mm 立铣刀　　B. $\phi20$ mm 立铣刀　　C. $\phi12$ mm 立铣刀　　D. 密齿端铣刀

(3) 程序"D01　M98　P1001；"的含义是(　　)。

A. 调用 P1001 子程序

B. 调用 O1001 子程序

C. 调用 P1001 子程序，且执行子程序时用 01 号刀具半径补偿值

D. 调用 O1001 子程序，且执行子程序时用 01 号刀具半径补偿值

(4) 执行程序"G98　G81　R3　Z-5　F50；"后，钻孔深度是(　　)。

A. 5 mm　　　　　　B. 3 mm　　　　　　C. 8 mm　　　　　　D. 2 mm

2. 判断题

(　　)(1) 立式加工中心的主轴处于垂直位置。

(　　)(2) 当数控机床失去对机床参考点的记忆时，必须进行返回参考点的操作。

(　　)(3) 加工中心具有刀库和刀具交换装置。

(　　)(4) 加工中心采用的是笛卡尔坐标系，各轴的方向是用右手来判定的。

(　　)(5) 采用立铣刀加工内轮廓时，铣刀直径应小于或等于工件内轮廓最小曲率半径的 2 倍。

（　　）(6) 浮动镗刀不能矫正孔的直线度和位置度误差。

（　　）(7) 用 ϕ12 mm 立铣刀进行轮廓的粗、精加工，要求精加工余量为 0.4 mm，则粗加工刀具半径的偏移量为 6.4 mm。

3．编程题

已知毛坯尺寸为 100 mm×100 mm×30 mm，材料为 45 钢，在数控铣床上加工如图 17-9 所示的零件，要求：

(1) 确定加工方案；

(2) 选择刀具；

(3) 建立工件坐标系；

(4) 编制数控加工程序。

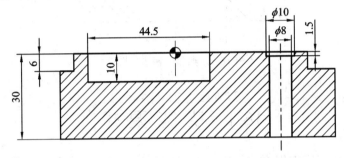

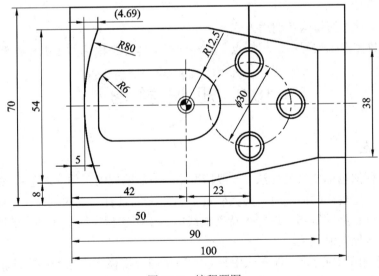

图 17-9　编程题图

自测题答案

项目 18 宏程序应用(二)

典型案例:加工如图 18-1 所示的零件,材料为 45 钢,要求在 $\phi50$ mm 孔一周倒出 $R5$ mm 的凸圆弧过渡。

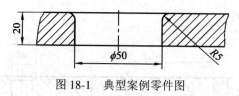

图 18-1 典型案例零件图

18.1 技 能 要 求

(1) 在了解数控车床宏程序的基础上进一步熟悉下列基本概念:变量、常量、赋值、条件语句、循环语句等。

(2) 熟悉宏程序的结构及调用方式。

(3) 掌握数控铣床宏程序编程特点,能够针对具体零件快速确定编程框架。

18.2 知 识 学 习

18.2.1 概述

宏程序编程法也称变量编程法。一般情况下,当需编程的工件的轮廓曲线为椭圆、圆、抛物线等具有一定规律的曲线时,刀具轨迹点 *XY* 之间具有一定的规律,因此,可以利用变量编程法进行程序的编制。在加工特殊曲线时,采用宏程序编程法加工的准确度要远远高于采用极限点控制编程法。

数控铣床(加工中心)的宏程序应用在基本理论与应用格式上与数控车床的基本相同,只是其走刀路线是在三维空间中进行的,因此程序的结构要相对复杂一些,程序编制也较困难。以下仅对宏程序的调用及编写格式进行简单介绍。

18.2.2 宏程序的简单调用格式

宏程序的简单调用是指在主程序中,宏程序可以被单个程序段单次调用。

格式:

    G65 P__ L__ <变量分配>;

说明：

(1) G65 为宏程序调用指令。

(2) P 为被调用的宏程序代号。

(3) L 为宏程序重复运行的次数，重复次数为 1 时，可省略不写。

(4) 〈变量分配〉表示为宏程序中使用的变量赋值。

(5) 宏程序与子程序相同的一点是，一个宏程序可被另一个宏程序调用，最多可调用 4 重。

18.2.3 宏程序的编写格式

宏程序的编写格式与子程序相同。

格式：

O(0001～8999);	(宏程序名)
N10 …	(指令)
⋮	
N100　M99;	(宏程序结束)

上述宏程序中，除通常使用的编程指令外，还可使用变量、算术运算指令及其他控制指令。变量值在宏程序调用指令中赋予。

例如，图 18-2 所示圆周均布孔零件，分布圆周半径为 r，分布形式为逆时针，圆周均布孔数量为 H，第 1 孔相对于 X 轴的起始角及后续各孔中心线之间的夹角均为 A。

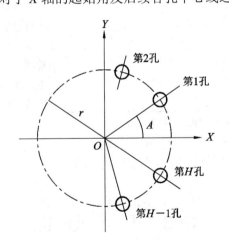

图 18-2　圆周均布孔零件图

宏程序中将用到下列变量：

#1——第 1 孔的起始角度 A，在主程序中用对应的文字变量 A 赋值；

#3——孔加工固定循环中 R 平面值，在主程序中用对应的文字变量 C 赋值；

#9——孔加工的进给量 f，在主程序中用对应的文字变量 F 赋值；

#11——要加工孔的孔数 H，在主程序中用对应的文字变量 H 赋值；

#18——加工孔所处的圆环半径值 R，在主程序中用对应的文字变量 R 赋值；

#26——孔深坐标值 Z，在主程序中用对应的文字变量 Z 赋值；

#30——基准点，即圆环形中心的 X 坐标值 X_0；

#31——基准点，即圆环形中心的 Y 坐标值 Y_0；

#32——当前加工孔的序号 i；

#33——当前加工第 i 孔的角度；

#100——已加工孔的数量；

#101——当前加工孔的 X 坐标值，初值设置为圆环形中心的 X 坐标值 X_0；

#102——当前加工孔的 Y 坐标值，初值设置为圆环形中心的 Y 坐标值 Y_0。

工件材料为 45 钢，圆周均布孔加工程序见表 18-1。

表 18-1　圆周均布孔加工程序

程　序	说　明
O1801；	宏程序名
N10　#30=#101；	基准点保存
N20　#31=#102；	基准点保存
N30　#32=1；	计数值置 1
N40　WHILE　[#32 LE ABS[#11]]　DO1；	进入孔加工循环
N50　#33=#1+360×[#32−1]/#11；	计算第 i 孔的角度
N60　#101＝#30+#18×COS[#33]；	计算第 i 孔的 X 坐标值
N70　#102＝#31+#18×SIN[#33]；	计算第 i 孔的 Y 坐标值
N80　G90 G81 G98 X#101 Y#102 Z#26 R#3 F#9；	钻削第 i 孔
N90　#32=#32+1；	计数器对孔序号 i 计数累加
N100　#100＝#100+1；	计算已加工孔数
N110　END1；	孔加工循环结束
N120　#101=#30；	返回 X 坐标初值 X_0
N130　#102=#31；	返回 Y 坐标初值 Y_0
N140　M99；	宏程序结束

注：在主程序中调用上述宏程序的调用格式为

　　G65　P1801　A__　C__　F__　H__　R__　Z__；

上述程序段中各文字变量后的值均应按零件图样中给定值来赋值。

18.3　工艺分析

18.3.1　零件工艺分析

在编制程序过程中，引入变量#1，如图 18-3 所示，所以沿 $R5$ mm 过渡面母线上一点 A 的坐标在图示坐标系中可表示为

$A_X = -[25 + 5 - 5\sin(\#1)] = 5\sin(\#1) - 30$

$A_Z = -[5 - 5\cos(\#1)] = 5\cos(\#1) - 5$

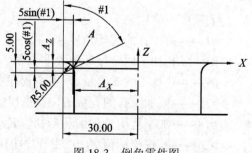

图 18-3　倒角零件图

18.3.2　工艺方案

1. 刀具的选择

根据加工要求，选用的刀具见表18-2。

表18-2　刀具选择表

产品名称或代号		课内实训样件	零件名称	典型案例零件	零件图号	18-1	
序　号	刀具号	刀具名称	数量	加工表面	刀具直径R/mm	刀具补偿号	备注
1	T01	球头铣刀	1	R5 mm的凸圆弧过渡	ϕ10		
编　制		审　核		批　准		共1页	第1页

2. 切削用量的选择

根据加工要求，切削用量的选择见表18-3。

表18-3　切削用量表

单位名称	××××××		产品名称或代号		零件名称		零件图号	
			课内实训样件		典型案例零件		18-1	
工序号	程序编号		夹具名称	使用设备	数控系统		场　地	
018	O1802		精密虎钳	数控铣床 XD—40A	FANUC 0i Mate		数控实训中心 机房、车间	
工步号	工步内容		刀具号	刀具规格 /mm	主轴转速 n/(r/min)	进给量 f/(mm/min)	背吃刀量 /mm	备　注
01	R5 mm 的凸圆弧过渡铣削		T01	ϕ10	600	100	1	
编　制		审　核		批　准		共1页	第1页	

18.4　程序编制

图18-1所示典型案例零件的数控加工程序见表18-4。

表18-4　圆口工件加工程序

程　　序	说　　明
O1802;	程序名
N10　G54　G00　Z50.0;	建立工件坐标系，并使刀具快速到达 Z50
N20　X30.0　Y0　M03　S600;	刀具快速到达(X30，Y0)，主轴以 600 r/min 正转
N30　M08;	冷却液打开
N40　#1=5;	#1 为角度，给#1 赋值为 5
N50　#2=10*SIN[#1];	计算刀具球心在 X 方向的移动量
N60　#3=10*COS[#1];	计算刀具球心在 Z 方向的移动量

仿真加工视频

程　序	说　明
N70　#4=[30-#2];	计算刀具球心在 X 方向实际的坐标位置
N80　#5=[10-#3];	计算刀具球心在 Z 方向实际的坐标位置
N90　G00　Z2.0;	
N100　G01　Z0　F100;	
N110　G01　X#4　Z-#5;	刀具沿直线切削运动至每次整圆加工的起点
N120　G03　I-#4;	刀具沿逆时针方向切削加工倒角
N130　#1=#1+5;	给#1赋值为 #1+5，角度递增
N140　IF [#1LE90.] GOTO 50;	#1 小于 90 则跳转至 N50 段，循环
N150　G00　Z100;	抬刀
N160　M09;	冷却液关闭
N170　M05;	主轴停转
N180　M30;	程序结束

注：① 该程序采用 ϕ10 mm 球头铣刀，在程序编制过程中应考虑球头刀具的半径对实际加工路线的影响，故在对 #2 和 #3 变量的计算时要加上球头铣刀的半径。

② 如果要求更好的表面质量，可以将 N130 段"#1+5"中的数值"5"赋得更小，使循环次数增多。

18.5　拓 展 训 练

试用宏指令编程的方法在 FANUC 0i Mate 数控铣床上加工如图 18-4 所示的均布孔零件，设毛坯尺寸为 180 mm × 340 mm × 20 mm，材料为 45 钢，编制数控加工程序并完成零件的加工。

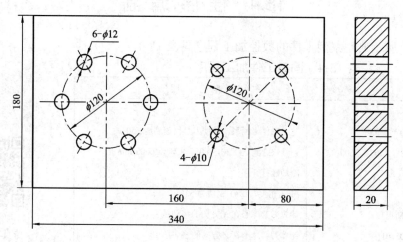

图 18-4　拓展训练零件图

<h2 align="center">✦✦✦ 自 测 题 ✦✦✦</h2>

1. 选择题

(1) 宏程序中的"#110"属于( )。

A. 公共变量　　　　B. 局部变量　　　　C. 系统变量　　　　D. 常数

(2) "G65　P9201；"属于( )宏程序。

A. A 类　　　　　　B. B 类　　　　　　C. SIEMENS　　　　D. 华中数控

(3) 宏程序中的正切函数指令为( )。

A. SIN( )　　　　　B. COS( )　　　　　C. TAN( )　　　　　D. ATAN( )

(4) 以下选项中，( )是椭圆的参数方程。

A. $x = r\cos\alpha$，$y = r\sin\alpha$　　　　　　　　B. $x = x_0 + t\cos\alpha$，$y = y_0 + t\sin\alpha$

C. $x = a\cos\alpha$，$y = b\sin\alpha$　　　　　　　　D. $x = r\cos\alpha$，$y = r\sin\alpha$

2. 判断题

( ) (1) 应用宏程序的作用之一就是简化程序。

( ) (2) 宏程序的特点是可以使用变量，变量之间不能进行运算。

( ) (3) 由 G65 规定的 H 码不影响偏移量的任何选择。

( ) (4) 在"G65　H01　P#100　Q1；"中，H01 是指 01 号偏移量。

( ) (5) 一般规定加工中心的宏编程采用 A 类宏指令，数控铣床编程采用 B 类宏指令。

( ) (6) 转移目标序号可以是变量。

3. 编程题

已知材料为 45 钢，编制如图 18-5 所示方口零件的加工程序，要求应用宏程序，并且尽量使程序简洁。(提示：与图 18-1 所示的典型案例相同，只需找出平面内圆弧与直线连接处点在 $R6\,\mathrm{mm}$ 圆弧母线上的变量坐标即可)

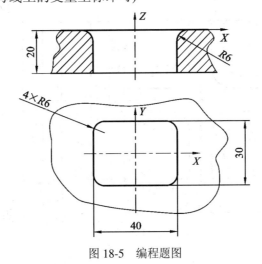

图 18-5　编程题图

自测题答案

项目 19　综合训练

——配合件的编程与加工(二)

典型案例：在 FANUC 0i Mate 加工中心上加工如图 19-1 和图 19-2 所示的装配件，已知毛坯是 ϕ100 mm × 20 mm 的棒料，材料为 45 钢，毛坯上下表面已加工。

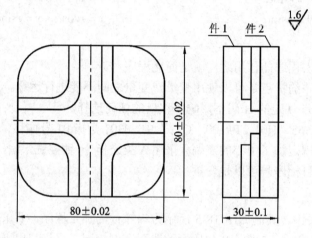

图 19-1　典型案例零件装配图

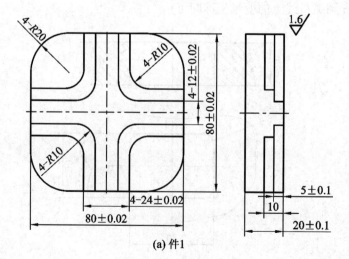

(a) 件1

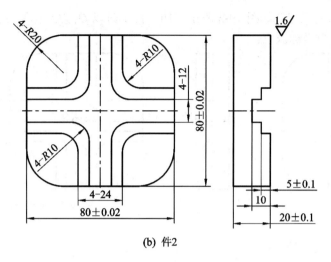

（b）件2

图 19-2   件 1、件 2 零件图

19.1 技 能 要 求

(1) 掌握 FANUC 0i Mate 数控系统的常用编程指令的编程格式及应用。

(2) 了解铣削加工配合类零件的特点，并能够正确地对复杂零件进行数控铣削工艺分析。

(3) 通过对配合类零件的加工，掌握数控铣削加工零件的工艺编制方法。

19.2 工 艺 分 析

19.2.1 零件工艺分析

1. 零件工艺分析

(1) 如图 19-1 所示，该配合件材料为 45 钢，毛坯是 ϕ 100 mm × 20 mm 的棒料。根据配合精度，两件的加工均要分为两道工序，第一道工序是对两件外形和凸台或凹槽的粗加工，第二道工序是对零件的精加工。粗、精加工在程序上通过刀补值的修改来实现。

(2) 如图 19-2 所示为两配合件加工。件 1 为凸件，凸台分两层，均为十字状，零件外形为正方形，圆角为 R20，其中上层凸台过渡圆角为 R5，下层凸台过渡圆角为 R10，每层高度均为 5 mm，上层高度公差为 ± 0.1 mm。件 2 为凹件，外形同件 1，凸台部分变为凹槽。要求两件配合间隙≤0.06 mm。

(3) 工件在加工时需采用掉头方式，通过图纸分析，确定先加工工件右端部分，再掉头加工左端部分。

(4) 工件的装夹与定位：两件毛坯均为圆棒料，夹具选用平口虎钳。首先以毛坯侧面为粗基准定位装夹，加工出两个 Z 向的工艺面作为精基准定位并装夹，零件加工完再将两个工艺面设法去除掉。

(5) 编程原点的确定：如图 19-3 所示，加工件 1 时以 O_1 为坐标原点；如图 19-4 所示，加工件 2 时以 O_2 为坐标原点。

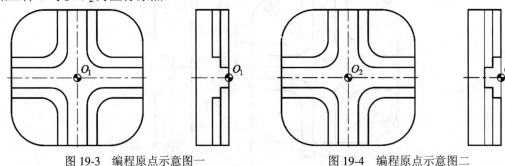

图 19-3　编程原点示意图一　　　　　　　图 19-4　编程原点示意图二

2. 尺寸计算

(1) 件 1 关键尺寸计算：

$$80 \pm 0.02 \text{在} X \text{方向上的编程尺寸} = \frac{80}{2} + \frac{0.02 + (-0.02)}{2} = 40 \text{ mm}$$

$$80 \pm 0.02 \text{在} Y \text{方向上的编程尺寸} = \frac{80}{2} + \frac{0.02 + (-0.02)}{2} = 40 \text{ mm}$$

$$24 \pm 0.02 \text{在} X \text{方向上的编程尺寸} = \frac{24}{2} + \frac{0.02 + (-0.02)}{2} = 12 \text{ mm}$$

$$24 \pm 0.02 \text{在} Y \text{方向上的编程尺寸} = \frac{24}{2} + \frac{0.02 + (-0.02)}{2} = 12 \text{ mm}$$

$$12 \pm 0.02 \text{在} X \text{方向上的编程尺寸} = \frac{12}{2} + \frac{0.02 + (-0.02)}{2} = 6 \text{ mm}$$

$$12 \pm 0.02 \text{在} Y \text{方向上的编程尺寸} = \frac{12}{2} + \frac{0.02 + (-0.02)}{2} = 6 \text{ mm}$$

$$5 \pm 0.1 \text{在} Z \text{方向上的编程尺寸} = 5 + \frac{0.1 + (-0.1)}{2} = 5 \text{ mm}$$

$$20 \pm 0.1 \text{在} Z \text{方向上的编程尺寸} = 20 + \frac{0.1 + (-0.1)}{2} = 20 \text{ mm}$$

(2) 件 2 关键尺寸计算：

$$80 \pm 0.02 \text{在} X \text{方向上的编程尺寸} = \frac{80}{2} + \frac{0.02 + (-0.02)}{2} = 40 \text{ mm}$$

$$80 \pm 0.02 \text{在} Y \text{方向上的编程尺寸} = \frac{80}{2} + \frac{0.02 + (-0.02)}{2} = 40 \text{ mm}$$

$$24 \pm 0.02 \text{在} X \text{方向上的编程尺寸} = \frac{24}{2} + \frac{0.02 + (-0.02)}{2} = 12 \text{ mm}$$

$$24 \pm 0.02 \text{在} Y \text{方向上的编程尺寸} = \frac{24}{2} + \frac{0.02 + (-0.02)}{2} = 12 \text{ mm}$$

$$12 \pm 0.02 \text{在} X \text{方向上的编程尺寸} = \frac{12}{2} + \frac{0.02 + (-0.02)}{2} = 6 \text{ mm}$$

$$12 \pm 0.02 \text{ 在 } Y \text{ 方向上的编程尺寸} = \frac{12}{2} + \frac{0.02 + (-0.02)}{2} = 6 \text{ mm}$$

$$5 \pm 0.1 \text{ 在 } Z \text{ 方向上的编程尺寸} = 5 + \frac{0.1 + (-0.1)}{2} = 5 \text{ mm}$$

$$20 \pm 0.1 \text{ 在 } Z \text{ 方向上的编程尺寸} = 20 + \frac{0.1 + (-0.1)}{2} = 20 \text{ mm}$$

(3) 装配件关键尺寸计算:

$$80 \pm 0.02 \text{ 在 } X \text{ 方向上的编程尺寸} = \frac{80}{2} + \frac{0.02 + (-0.02)}{2} = 40 \text{ mm}$$

$$80 \pm 0.02 \text{ 在 } Y \text{ 方向上的编程尺寸} = \frac{80}{2} + \frac{0.02 + (-0.02)}{2} = 40 \text{ mm}$$

$$30 \pm 0.1 \text{ 在 } Z \text{ 方向上的编程尺寸} = 30 + \frac{0.1 + (-0.1)}{2} = 30 \text{ mm}$$

19.2.2 工艺方案

1. 刀具的选择

根据加工要求,选用的刀具见表 19-1。

表 19-1 刀具选择表

产品名称或代号		课内实训样件	零件名称		典型案例零件	零件图号		19-1	
序 号	刀具号	刀具名称	数 量		加工表面	刀具直径 R/mm		刀具补偿号	备 注
1	T01	立铣刀	1		件 1 粗加工	$\phi 20$		D01	D11、D12
2	T02	立铣刀	1		件 1 精加工	$\phi 20$		D02	
3	T03	立铣刀	1		件 2 粗加工	$\phi 10$		D03	D13
4	T04	立铣刀	1		件 2 精加工	$\phi 10$		D04	
编制		审核			批准			共 1 页	第 1 页

2. 切削用量的选择

根据加工要求,切削用量的选择见表 19-2 和表 19-3。

表 19-2 件 1 的切削用量表

单位名称	××××××	产品名称或代号			零件名称		零件图号	
		课内实训样件			典型案例零件		19-2(a)	
工序号	程序编号	夹具名称	使用设备		数控系统		场地	
019	O1901	精密虎钳	加工中心 VDL—800		FANUC 0i Mate		数控实训中心 机房、车间	
工步号	工步内容		刀具号	刀具规格 /mm	主轴转速 n/(r/min)	进给量 f/(mm/min)	背吃刀量 /mm	备 注
01	粗铣件 1 外形和凸台		T01	$\phi 20$	800	120	9	
02	精铣件 1 外形和凸台		T02	$\phi 20$	1200	100	0.5	
编 制		审 核		批 准		共 1 页		第 1 页

表 19-3　件 2 的切削用量表

单位名称	××××××	产品名称或代号		零件名称		零件图号
		课内实训样件		典型案例零件		19-2(b)
工序号	程序编号	夹具名称	使用设备	数控系统		场　地
019	O1902	精密虎钳	加工中心 VDL—800	FANUC 0i Mate		数控实训中心 机房、车间
工步号	工步内容		刀具号	刀具规格 /mm	主轴转速 n/(r/min)	进给量 f/(mm/min)	背吃刀量 /mm	备　注

工步号	工步内容	刀具号	刀具规格 /mm	主轴转速 n/(r/min)	进给量 f/(mm/min)	背吃刀量 /mm	备　注
01	粗铣件 2 外形和凹槽	T03	$\phi 10$	1000	100	4	
02	精铣件 2 外形和凹槽	T04	$\phi 10$	1500	120	0.5	
编制		审核		批准		共 1 页	第 1 页

19.3　程序编制

图 19-1 和图 19-2 所示典型案例零件的数控加工程序见表 19-4 和表 19-5。

表 19-4　件 1 加工程序

程　序	说　明
件 1 加工主程序	
O1901；	件 1 加工主程序名
N2　G49　G40　G54　G90；	建立工件坐标系
N4　M06　T01；	调用 1 号立铣刀
N6　M03　S800；	主轴正转，转速为 1000 r/min
N8　G43　G00　Z100.0　H01　M08；	建立 1 号刀具长度补偿
N10　G00　X40.0　Y60.0；	刀具快速移动到下刀点
N12　Z-5.0；	
N14　M98　P2000　D12　F120；	调用 5 mm 高十字加工子程序，采用 12 号刀补(28.5 mm)
N16　M98　P2000　D11　F120；	调用 5 mm 高十字加工子程序，采用 11 号刀补(19.5 mm)
N18　M98　P2000　D01　F120；	调用 5 mm 高十字加工子程序，采用 01 号刀补(10.5 mm)
N20　G00　Z-10.0；	刀具快速降到 Z-10
N22　M98　P3000　D11　F120；	调用 10 mm 高十字加工子程序，采用 11 号刀补
N24　M98　P3000　D01　F120；	调用 10 mm 高十字加工子程序，采用 01 号刀补
N26　G00　Z-20.0；	刀具快速降到 Z-20
N28　M98　P1000　D01　F120；	调用外形四边形加工子程序，采用 01 号刀补
N30　G49　G00　Z0　M09；	取消 1 号刀具长度补偿

仿真加工视频(件 1)

程　序	说　明
N32　T02　M06；	调用 2 号刀，进行精加工
N34　M03　S1200；	
N36　G43　G00　Z100.0　H02　M08；	建立 2 号刀具长度补偿
N38　G00　X40.0　Y60.0；	
N40　Z-5.0；	
N42　M98　P2000　D02　F100；	调用 5mm 高十字加工子程序，采用 02 号刀补(10 mm)
N44　G00　Z-10.0；	
N46　M98　P3000　D02　F100；	调用 10 mm 高十字加工子程序，采用 02 号刀补
N48　G00　Z-20.0；	
N50　M98　P1000　D02　F100；	调用外形四边形加工子程序，采用 02 号刀补
N52　G00　Z100.0；	
N54　G49；	
N56　M09；	冷却液关闭
N58　M05；	主轴停止
N60　M30；	程序结束
外形四边形加工子程序	
O1000；	外形四边形加工子程序名
N2　G41　G00　Y42.0；	建立刀具半径左补偿
N4　G01　Y-20.0；	直线插补
N6　G02　X20.0　Y-40.0　R20.0；	顺时针圆弧插补
N8　G01　X-20.0；	
N10　G02　X-40.0　Y-20.0　R20.0；	
N12　G01　Y20.0；	
N14　G02　X-20.0　Y40.0　R20.0；	
N16　G01　X20.0；	
N18　G02　X40.0　Y20.0　R20.0；	
N20　G03　X80.0　Y0　R40.0；	
N22　G00　Y60.0；	
N24　G00　G40　X40.0；	取消刀具半径补偿
N26　M99；	子程序结束且返回主程序
5 mm 高十字加工子程序	
O2000；	5 mm 高十字加工子程序名
N2　G41　G00　Y42.0；	建立刀具半径左补偿

程　序	说　明
N4　G01　Y–6.0;	直线插补
N6　X6.0;	
N8　Y–40.0;	
N10　X–6.0;	
N12　Y–6.0;	
N14　X–40.0;	
N16　Y6.0;	
N18　X–6.0;	
N20　Y40.0;	
N22　X6.0;	
N24　Y6.0;	
N26　X80.0;	
N28　G00　Y60.0;	
N30　G40　G00　X40.0;	取消刀具半径补偿
N32　M99;	子程序结束且返回主程序
10 mm 高十字加工子程序	
O3000;	10 mm 高十字加工子程序名
N2　G41　G00　Y42.0;	建立刀具半径左补偿
N4　G01　Y–12.0;	直线插补
N6　X12.0;	
N8　Y–40.0;	
N10　X–12.0;	
N12　Y–12.0;	
N14　X–40.0;	
N16　Y12.0;	
N18　X–12.0;	
N20　Y40.0;	
N22　X12.0;	
N24　Y12.0;	
N26　G01　X80.0;	
N28　G00　Y60.0;	
N30　G40　G00　X40.0;	取消刀具半径补偿
N32　M99;	子程序结束且返回主程序

表 19-5　件 2 加工程序

程　　序	说　　明
件 2 加工主程序	
O1902；	件 2 加工主程序名
N2　G49　G40　G54　G90；	建立工件坐标系
N4　M06　T03；	调用 3 号立铣刀
N6　M03　S1000；	主轴正转，转速为 1000 r/min
N8　G43　G00　Z100.0　H03；	建立 3 号刀具长度补偿
N10　G00　X60.0　Y0；	刀具快速移动到下刀点
N12　Z-5.0　M08；	刀具快速降到 Z-5，冷却液打开
N14　M98　P6000　D13　F100；	调用 5 mm 深十字加工子程序，采用 13 号刀补(9.5 mm)
N16　M98　P6000　D03　F100；	调用 5 mm 深十字加工子程序，采用 03 号刀补(5.5 mm)
N18　G00　Z-10.0；	刀具快速降到 Z-10
N20　M98　P5000　D03　F100；	调用 10 mm 深十字加工子程序，采用 03 号刀补
N22　G00　Z-20.0；	刀具快速降到 Z-20
N24　M98　P4000　D03　F100；	调用 80 mm×80 mm 四方加工子程序，采用 03 号刀补
N26　G49　G00　Z0　M09；	取消 3 号刀具长度补偿
N28　T04　M06；	调用 4 号刀，进行精加工
N30　M03　S1500；	
N32　G43　G00　Z100.0　H04　M08；	建立 4 号刀具长度补偿
N34　G00　X60.0　Y0；	
N36　Z-5.0；	
N38　M98　P6000　D04　F120；	调用 5 mm 深十字加工子程序，采用 04 号刀补(5 mm)
N40　G00　Z-10.0；	
N42　M98　P5000　D04　F120；	调用 10 mm 深十字加工子程序，采用 04 号刀补
N44　G00　Z-20.0；	
N46　M98　P4000　D04　F120；	调用外形四边形加工子程序，采用 04 号刀补
N48　G00　Z100.0；	
N50　G49；	
N52　M09；	冷却液关闭
N54　M05；	主轴停止
N56　M30；	程序结束并返回程序起点
80 mm × 80 mm 四方加工子程序	
O4000；	80 mm×80 mm 四方加工子程序名
N2　G41　G00　Y20.0；	建立刀具半径左补偿

仿真加工视频(件 2)

程　序	说　明
N4　G03　X40.0　Y0　R20.0；	逆时针圆弧插补
N6　G01　Y−20.0；	直线插补
N8　G02　X20.0　Y−40.0　R20.0；	顺时针圆弧插补
N10　G01　X−20.0；	
N12　G02　X−40.0　Y−20.0　R20.0；	
N14　G01　Y20.0；	
N16　G02　X−20.0　Y40.0　R20.0；	
N18　G01　X20.0；	
N20　G02　X40.0　Y20.0　R20.0；	
N22　G01　Y0；	
N24　G03　X60.0　Y−20.0　R20.0；	逆时针圆弧插补
N26　G00　G40　Y0；	取消刀具半径补偿
N28　M99；	子程序结束且返回主程序
10 mm 深十字加工子程序	
O5000；	10 mm 深十字加工子程序名
N2　G42　G00　Y−6.0；	建立刀具半径右补偿
N4　G01　X11.0　F100；	直线插补
N6　G03　X6.0　Y−11.0　R5.0；	逆时针圆弧插补
N8　G01　Y−45.0；	直线插补
N10　X−6.0；	
N12　Y−11.0；	
N14　G03　X−11.0　Y−6.0　R5.0；	
N16　G01　X−45.0；	
N18　Y6.0；	
N20　X−11.0；	
N22　G03　X−6.0　Y11.0　R5.0；	
N24　G01　Y45.0；	
N26　X6.0；	
N28　Y11.0；	
N30　G03　X11.0　Y6.0　R5.0；	
N32　G01　X45.0；	
N34　G40　G00　Y0；	取消刀具半径补偿
N36　M99；	子程序结束且返回主程序

程 序	说 明
5 mm 深十字加工子程序	
O6000;	5 mm 深十字加工子程序名
N2 G42 G00 Y−12.0;	建立刀具半径右补偿
N4 G01 X22.0 F100;	直线插补
N6 G03 X12.0 Y−22.0 R10.0;	逆时针圆弧插补
N8 G01 Y−45.0;	
N10 X−12.0;	
N12 Y−22.0;	
N14 G03 X−22.0 Y−12.0 R10.0;	
N16 G01 X−45.0;	
N18 Y12.0;	
N20 X−22.0;	
N22 G03 X−12.0 Y22.0 R10.0;	
N24 G01 Y45.0;	
N26 X12.0;	
N28 Y22.0;	
N30 G03 X22.0 Y12.0 R10.0;	
N32 G01 X45.0;	
N34 G40 G00 Y0;	取消刀具半径补偿
N36 M99;	子程序结束且返回主程序

19.4 拓 展 训 练

已知毛坯均为 60 mm × 60 mm × 32 mm 的棒料，材料为硬铝，编制如图 19-5 和图 19-6 所示装配零件的数控加工程序并完成零件的加工。

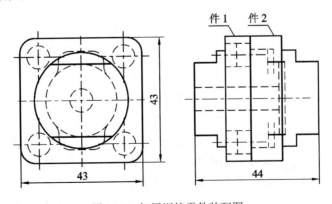

图 19-5 拓展训练零件装配图

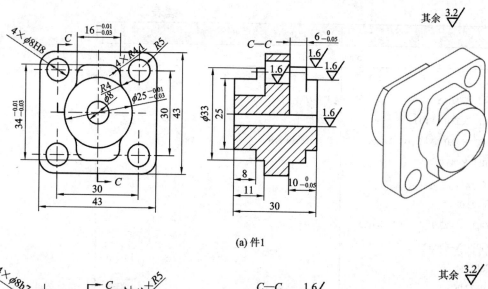

(a) 件1

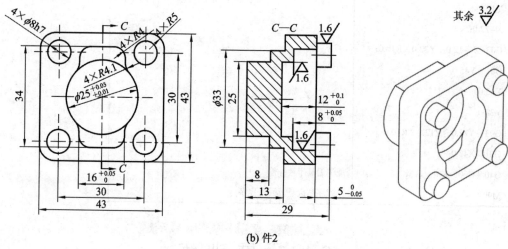

(b) 件2

图 19-6 拓展训练零件图

✦✦✦ 自 测 题 ✦✦✦

1. 选择题

(1) 刀尖半径左补偿方向的规定是( )。

A. 沿刀具运动方向看，工件位于刀具左侧

B. 沿工件运动方向看，工件位于刀具左侧

C. 沿工件运动方向看，刀具位于工件左侧

D. 沿刀具运动方向看，刀具位于工件左侧

(2) 设"G01 X30 Z6;"，执行"G91 G01 Z15;"后，正方向实际移动量为( )。

A. 9 mm   B. 21 mm   C. 15 mm   D. 11 mm

(3) 程序中指定了( )时，刀具半径补偿被撤销。

A. G40   B. G41   C. G42   D. G49

(4) 设 H01 = 6 mm，则"G91　G43　G01　Z-15.0；"执行后的实际移动量为(　　)。

A. 9 mm　　　　　　B. 21 mm　　　　　　C. 15 mm　　　　　　D. 11 mm

(5) 加工中心编程与数控铣床编程的主要区别是(　　)。

A. 指令格式　　　　　B. 换刀程序　　　　C. 宏程序　　　　　D. 指令功能

(6) 在"G43　G01　Z15. H15；"语句中，H15 表示(　　)。

A. Z 轴的位置是 15　　　　　　　　　B. 刀具表的地址是 15

C. 长度补偿值是 15　　　　　　　　　D. 半径补偿值是 15

(7) 数控铣床的基本控制轴数是(　　)。

A. 一轴　　　　　　B. 二轴　　　　　　C. 三轴　　　　　　D. 四轴

(8) 精铣的进给率应比粗铣(　　)。

A. 大　　　　　　　B. 小　　　　　　　C. 不变　　　　　　D. 无关

(9) 铣刀直径为 50 mm，铣削铸铁时其切削速度为 20 mm/min，则机床主轴转速为每分钟(　　)。

A. 60 转　　　　　　B. 120 转　　　　　C. 240 转　　　　　D. 480 转

2. 判断题

(　　) (1) 在 ZX 平面执行圆弧切削的指令可写成"G18　G03　Z__　X__　K__　I__　F__；"。

(　　) (2) CNC 铣床切削工件时，床台进给率是以主轴每一回转之进给量来表示的。

(　　) (3) 制作 NC 程序时，G90 与 G91 不宜在同一单节内。

(　　) (4) 程序"G01　X40.0　Y20.0　F100.0；"，刀具进给到(40，20)点，X、Y 两轴均以每分钟 100 mm 的进给率进给。

(　　) (5) 指令 G43、G44、G49 分别用于刀具半径左、右补正与消除。

(　　) (6) 机床的进给路线就是刀具的刀尖或刀具中心相对机床的运动轨迹和方向。

(　　) (7) 经试加工验证的数控加工程序就能保证零件加工合格。

(　　) (8) 刀具长度补正与平面选择无关。

(　　) (9) 利用 I、J 表示圆弧的圆心位置，须使用增量值。

(　　) (10) CNC 铣床加工程序是依据切削刀具的移动路径顺序来编写的。

3. 编程题

已知毛坯均为 200 mm × 200 mm × 30 mm 的板料，编制如图 19-7 和图 19-8 所示装配零件的数控加工程序并完成零件的加工。

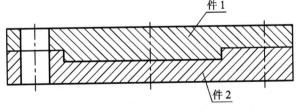

图 19-7　零件装配图

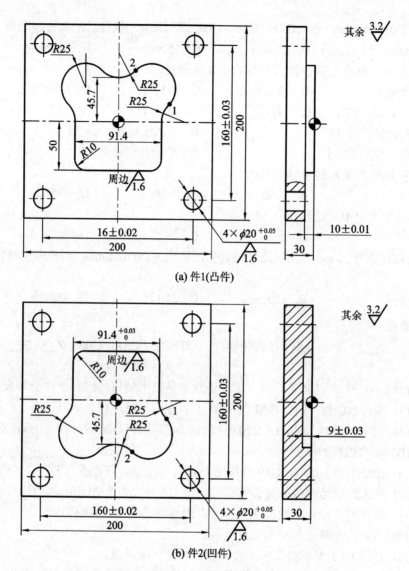

(a) 件1(凸件)

(b) 件2(凹件)

图 19-8　编程题图

自测题答案

附　　录

附录 1　常用材料及刀具切削参数推荐值

工件 材料	刀具 材料	刀具几何参数		切削用量		
		$\gamma_0 /(°)$	$\alpha_0 /(°)$	$v_c / (m/min)$	a_p / mm	$f / (mm/r)$
低碳钢 易切钢	G	25～30	8～20	30～40	0.3～5	0.1～0.5
	YT、YW	20～25	8～10	90～180	0.3～10	0.08～1
中碳钢	G	15～20	6～8	20～30	0.5～5	0.1～0.5
	YT、YW	10～15	6～8	60～160	0.3～8	0.08～1
合金钢	G	15～20	6～8	15～25	0.3～5	0.1～0.5
	YT、YW	10～15	6～8	40～130		0.08～1
	T	0～-5	6～8	80～150		0.1～0.4
铸铁	YG	5～10	6～8	40～120	0.3～8	0.1～0.8
	T	0～-8	6～8	200～400	0.3～5	0.1～0.5
	PCBN	0～-8	8～10	300～800	0.1～2	0.1～0.3
铸钢	G	10～15	6～8	10～15	0.3～5	0.1～0.5
	YT、YW	5～10	6～8	60～80	0.3～6	0.2～0.8
铜和 铜合金	G	10～15	6～8	40～80	0.1～10	0.05～1
	YG、YW	紫铜(25～30) 5～10	6～8	100～200	0.05～10	0.1～0.4
	PCD	0	8～10	200～1000	0.1～3	0.1～0.3
铝和 铝合金	G	30～35	8～10	40～70	0.1～10	0.1～0.5
	YG、YW	25～30	8～10	150～300	0.1～10	0.1～0.5
	PCD	0～10	10～12	200～1000	0.5～3	0.05～0.3
铸铝 合金	G	25～30	8～10	40～60	0.1～8	0.1～0.3
	YG	20～25	8～10	100～200	0.1～8	0.05～0.5
	PCD	0～10	10～12	200～600	0.1～3	0.1～0.3
不锈钢	G	20～25	8～10	13～20	>0.2	>0.1
	YG、YW	15～20	10～12	60～80		>0.2

工件材料	刀具材料	刀具几何参数		切削用量		
		$\gamma_0 /(°)$	$\alpha_0 /(°)$	$v_c / (\text{m/min})$	a_p / mm	$f / (\text{mm/r})$
淬火钢	YG、YS	$0 \sim -10$	$8 \sim 10$	$30 \sim 75$	$0.1 \sim 2$	$0.05 \sim 0.3$
	T	$-8 \sim -10$	$8 \sim 10$	$60 \sim 120$		
	PCBN	0	$8 \sim 10$	$100 \sim 200$		
高锰钢	G	$5 \sim 10$	$8 \sim 10$	$3 \sim 5$	>0.2	>0.2
	YG	$0 \sim -5$	$8 \sim 12$	$20 \sim 40$		
	T	$0 \sim -8$	$6 \sim 8$	$50 \sim 80$		
钛合金	G	$10 \sim 20$	$10 \sim 15$	$8 \sim 12$	$1 \sim 5$	>0.05
	YG	$5 \sim 15$		$15 \sim 54$		
	PCD	0		$80 \sim 150$	$0.5 \sim 3$	
高温合金	G	$10 \sim 20$	$10 \sim 12$	$6 \sim 12$	$0.2 \sim 5$	>0.1
	YG、YW	$5 \sim 10$	$10 \sim 15$	$10 \sim 40$		
	T	$0 \sim -8$	$8 \sim 10$	$80 \sim 120$		
	PCBN	0		$150 \sim 200$		
冷硬铸铁	YG、YS	$0 \sim -5$	$5 \sim 10$	$7 \sim 20$	$1 \sim 5$	$0.5 \sim 1$
	T			$40 \sim 60$	$0.5 \sim 3$	$0.1 \sim 0.6$
	PCBN			$70 \sim 80$	$0.5 \sim 2$	$0.1 \sim 0.3$
软橡胶	G	$45 \sim 55$	$10 \sim 15$	$4 \sim 60$	$0.5 \sim 5$	$0.2 \sim 0.5$
	YG			$100 \sim 150$	$1 \sim 4$	
工程陶瓷	PCD	$-5 \sim -10$	$8 \sim 10$	$30 \sim 80$	$0.5 \sim 1.5$	$0.05 \sim 0.2$
	PCBN					
砂轮	PCD	$0 \sim -8$	$8 \sim 10$	$30 \sim 50$	$1 \sim 5$	$0.5 \sim 1.5$
	PCBN					
硬质合金	PCD	$0 \sim -5$	$6 \sim 8$	$20 \sim 35$	$0.5 \sim 1.5$	$0.05 \sim 0.15$
	PCBN					
高强度钢	G	$0 \sim 5$	$8 \sim 12$	$3 \sim 10$	$0.2 \sim 4$	$0.1 \sim 0.4$
	YT	$5 \sim 10$	$6 \sim 8$	$10 \sim 80$	$0.2 \sim 3$	$0.1 \sim 0.5$
	T	$-5 \sim -8$		$20 \sim 120$		$0.1 \sim 0.2$
	PCBN	$0 \sim -5$		$40 \sim 200$		

注：① 刀具材料代号说明：G 为高速钢；YT 为钨钛钴硬质合金；YG 为钨钴类硬质合金；YS 为超细硬质合金；YW 为通用硬质合金；T 为陶瓷；PCD 为人造聚晶金刚石复合片；PCBN 为立方氮化硼复合片。

② 参数选择说明：粗车时，选用低的切削速度，大的切削深度和进给量；精车时，选用高的切削速度，小的切削深度和进给量；高速钢刀具精车时采用 v_c 小于 10 m/min 的切削速度以控制积屑瘤产生，降低钢件粗糙度；对铸钢件，粗车应选比较低的切削速度；断续切削时，刀具前角适当减小；刀具材料抗弯强度低时，γ_0 应减小到 $0° \sim 5°$。

附录2 常用螺纹尺寸及公差汇总表

螺纹代号	基本直径			内螺纹公差				外螺纹公差	
	大径	中径	小径	6H		7H		6G	
				中径公差	小径公差	中径公差	小径公差	中径公差	小径公差
M10×1	10	9.35	8.917	0,+0.150	0,+0.236	0,+0.190	0,+0.300	−0.026,−0.138	−0.026,0.206
M12×1	12	11.35	10.917	0,+0.160	0,+0.236	0,+0.200	0,+0.300	−0.026,−0.144	−0.026,0.206
M14×1	14	13.35	122.917	0,+0.160	0,+0.236	0,+0.200	0,+0.300	−0.026,−0.144	−0.026,0.206
M12×1.25	12	11.188	10.647	0,+0.180	0,+0.265	0,+0.224	0,+0.335	−0.028,−0.160	−0.028,−0.240
M14×1.25	14	13.188	12.647	0,+0.180	0,+0.265	0,+0.224	0,+0.335	−0.028,−0.160	−0.028,−0.240
M12×1.5	12	11.026	10.376	0,+0.190	0,+0.300	0,+0.236	0,+0.375	−0.032,−0.172	−0.032,−0.268
M14×1.5	14	13.026	12.376	0,+0.190	0,+0.300	0,+0.236	0,+0.375	−0.032,−0.172	−0.032,−0.268
M16×1.5	16	15.026	14.376	0,+0.190	0,+0.300	0,+0.236	0,+0.375	−0.032,−0.172	−0.032,−0.268
M18×1.5	18	17.026	16.376	0,+0.190	0,+0.300	0,+0.236	0,+0.375	−0.032,−0.172	−0.032,−0.268
M20×1.5	20	19.026	18.376	0,+0.190	0,+0.300	0,+0.236	0,+0.375	−0.032,−0.172	−0.032,−0.268
M22×1.5	22	21.026	20.376	0,+0.190	0,+0.300	0,+0.236	0,+0.375	−0.032,−0.172	−0.032,−0.268
M24×1.5	14	23.026	22.376	0,+0.200	0,+0.300	0,+0.250	0,+0.375	−0.032,−0.182	−0.032,−0.268
M26×1.5	26	25.026	24.376	0,+0.200	0,+0.300	0,+0.250	0,+0.375	−0.032,−0.182	−0.032,−0.268
M27×1.5	27	26.026	25.376	0,+0.200	0,+0.300	0,+0.250	0,+0.375	−0.032,−0.182	−0.032,−0.268
M30×1.5	30	29.026	28.376	0,+0.200	0,+0.300	0,+0.250	0,+0.375	−0.032,−0.182	−0.032,−0.268
M33×1.5	33	32.026	31.376	0,+0.200	0,+0.300	0,+0.250	0,+0.375	−0.032,−0.182	−0.032,−0.268
M36×1.5	36	35.026	34.376	0,+0.200	0,+0.300	0,+0.250	0,+0.375	−0.032,−0.182	−0.032,−0.268
M39×1.5	39	38.026	37.376	0,+0.200	0,+0.300	0,+0.250	0,+0.375	−0.032,−0.182	−0.032,−0.268
M42×1.5	42	41.026	40.376	0,+0.200	0,+0.300	0,+0.250	0,+0.375	−0.032,−0.182	−0.032,−0.268
M27×2	27	25.701	24.835	0,+0.224	0,+0.375	0,+0.280	0,+0.475	−0.038,−0.208	−0.038,−0.318
M30×2	30	28.701	27.835	0,+0.224	0,+0.375	0,+0.280	0,+0.475	−0.038,−0.208	−0.038,−0.318
M33×2	33	31.701	30.835	0,+0.224	0,+0.375	0,+0.280	0,+0.475	−0.038,−0.208	−0.038,−0.318
M36×2	36	34.701	33.835	0,+0.224	0,+0.375	0,+0.280	0,+0.475	−0.038,−0.208	−0.038,−0.318
M39×2	39	37.701	36.835	0,+0.224	0,+0.375	0,+0.280	0,+0.475	−0.038,−0.208	−0.038,−0.318
M42×2	42	40.701	39.835	0,+0.224	0,+0.375	0,+0.280	0,+0.475	−0.038,−0.208	−0.038,−0.318
M45×2	45	43.701	42.835	0,+0.224	0,+0.375	0,+0.280	0,+0.475	−0.038,−0.208	−0.038,−0.318
M52×2	52	50.701	49.835	0,+0.236	0,+0.375	0,+0.300	0,+0.475	−0.038,−0.218	−0.038,−0.318
M60×2	60	58.701	57.835	0,+0.236	0,+0.375	0,+0.300	0,+0.475	−0.038,−0.218	−0.038,−0.318
M64×2	64	62.701	61.835	0,+0.236	0,+0.375	0,+0.300	0,+0.475	−0.038,−0.218	−0.038,−0.318
M72×2	72	70.701	69.835	0,+0.236	0,+0.375	0,+0.300	0,+0.475	−0.038,−0.218	−0.038,−0.318

参 考 文 献

[1] 张伟．数控机床零件加工[M]．北京：北京邮电大学出版社，2012

[2] 程启森，范仁杰．数控加工工艺编程与实施教程[M]．北京：北京邮电大学出版社，2013

[3] 陈艳红．数控手工编程 100 例[M]．2 版．北京：机械工业出版社，2014

[4] 周虹．数控编程与仿真实训[M]．4 版．北京：人民邮电出版社，2015

[5] 田洪江，孟江宁．数控车床编程与操作[M]．北京：国防工业出版社，2014

[6] 杨萍．数控编程与操作[M]．上海：上海交通大学出版社，2015

[7] 杨海琴，侯先勤．FANUC 数控铣床编程及实训精讲[M]．西安：西安交通大学出版社，2010

[8] 侯先勤．FANUC 数控车床编程及实训精讲[M]．西安：西安交通大学出版社，2010

[9] 沈建峰，虞俊．数控车工：高级[M]．北京：机械工业出版社，2008

[10] 吴长有．数控车床加工技术[M]．北京：机械工业出版社，2010

[11] 蒋建强，张义平．数控编程实用技术[M]．北京：北京交通大学出版社，2009

[12] 沈建峰，金玉峰．数控编程 200 例[M]．北京：中国电力出版社，2008

[13] 陈建军．数控铣床与加工中心操作与编程训练及实例[M]．北京：机械工业出版社，2008

[14] 蔡有杰．数控编程及加工技术[M]．2 版．北京：中国电力出版社，2015

[15] 朱明松．数控车床编程与操作项目教程[M]．北京：机械工业出版社，2008

[16] 朱明松，王翔．数控铣床编程与操作项目教程[M]．北京：机械工业出版社，2008

[17] 邓建新，等．数控刀具材料选用手册[M]．北京：机械工业出版社，2005

[18] 张立新，何玉忠．数控加工进阶教程[M]．西安：西安电子科技大学出版社，2008

[19] 冯志刚．数控宏程序编程方法、技巧与实例[M]．北京：机械工业出版社，2008

[20] 顾晔．数控加工编程与操作[M]．北京：人民邮电出版社，2009